世界牛肉指南

张　洁　主编

中国轻工业出版社

前 言

牛肉原来不止一种模样

对于牛肉文化，我们有份执着的喜爱。长久以来，我们一直渴望拥有一个地方，在这里学习、探究和实验，分享一段充满魔力的牛肉之旅，呈现一张更完整的世界牛肉地图。

在这张地图中，你既可以看到家庭厨房牛肉料理，也可以找到顶级牛排的踪迹，不论是料理新手还是美食老饕都可以在这里到达自己的目的地，感受牛肉的多元、变幻、魅力和进化。

“世界牛肉指南”成立以来，我们始终秉承着尊重、开放、认真的态度，致力于成为权威、专业的牛肉细分领域媒体。

专业是一个品牌最好的说明书。“世界牛肉指南”主导并联合多个生产企业以及应用公司，在上海建立全球肉类实验室（GML），检测上千种牛肉应用指标，帮助行业和食客判断牛肉产品的质量和标准；同时，在这间实验室中，我们还会进行有趣的烹饪、测评，输出避“坑”指南，让喜欢牛肉的食客不受干扰地享受料理乐趣。

2021年年末，我们开始筹备“世界牛肉指南”的线下俱乐部，这是一个很冒险的决定，因为这比我们的想象更大胆。在这里，大家除了可以看到“世界牛肉指南”的具象形态，品鉴来自全球各地的牛肉，还可以借由这个通道，想象食物本身之外的更多东西。

总之，牛肉的可能性是无限的。

在这本书中，我们将和大家分享牛肉源头的优质牧场、加工厂，介绍不同产区的特点，整理出不同牛肉切块、牛排部位的差异和食用感受，还有更多人想要了解的牛肉、牛排挑选方式，烹饪方法也会收录其中，希望这些内容可以给你的牛肉料理世界增添一些新内容、新方向。

感谢行业专家苗阳先生和梅特国际集团（MIG）给予的指导和鼓励，让我们明白牛肉背后竟隐藏着一个如此生动的世界；感谢邱魁先生给予的大力支持和通力合作；在书籍出版过程中，我们也得到了加拿大牛肉国际协会（Canada Beef International Institute）、澳洲肉类及畜牧业协会（MLA）、银蕨农场（Silver Fern Farms）等行业领先者的广泛支持，借此机会，我向各方表示诚挚的感谢。

嫩度、汁水、风味，是食客对牛肉美好的追求。从牧场到餐桌，是不同学科、不同领域、不同身份的人一起努力的结果，最终被缩印在了食客面前的牛肉之中。在我们看来，这，需要被谱写。

张洁

目 录

× CHAPTER 1 ×

牛肉巡礼

× CHAPTER 2 ×

解密牛肉

× CHAPTER 3 ×

探究牛排

× CHAPTER 4 ×

经典食谱

× CHAPTER 1 ×

牛肉巡礼

× 牛种故事 ×

早在古埃及时期，牛就开始被人神化和崇拜。哈托尔（Hathor）是古埃及当时最受欢迎的神灵之一，也可以称为“牛女神”，她的形象是牛角中间托举着太阳神星，守护着肥沃的土地并帮助分娩的女性，象征着爱与母性。

考古发现，公元前6500年家养牛的身影就已出现，发展到今天，牛主要是为了给人们提供肉、奶、皮，役用已经减少。

全球现有公认的纯种牛、杂交牛共1000多种，我们常常听说的牛品种包括：秦川牛、西门塔尔牛、夏洛莱牛、利木赞牛、和牛、安格斯牛、印度瘤牛、婆罗门牛、海福特牛、南阳牛、德克萨斯长角牛、荷斯坦奶牛等。

但在早期，肉牛品种大致只分为两类：热带牛种——印第克斯牛（Bos Indicus）和温带牛种——特洛斯牛（Bos Taurus）。而其他牛种，如亚洲水牛、西藏牦牛、北美野牛等，虽然也都处于驯化或者半驯化状态，但肉用价值不高。

水牛

热带牛种骨架较大，腿长，独特的肩峰、略大的耳朵、长长的脸颊、更短的皮毛和松弛的皮肤都是为了更好地适应炎热、干旱的天气和广阔、贫瘠的土地，起源于亚洲，一般用于草饲，以婆罗门牛、内洛尔牛、抗旱王牛为典型代表。

温带牛种骨架小，身形较矮，但体格强壮，成熟速度快，能让谷物的能量迅速提升肌肉量和肉的品质，身上的长毛可以有效抵御寒冷的天气。几乎所有温带牛都来自欧洲和亚洲北部，以夏洛莱牛、海福特牛、安格斯牛为典型代表。

不同的牛种，它们的起源地、生活环境、繁衍规律、饲养条件、健康状态都不尽相同，牛肉也随之呈现出不同的肌肉质量和脂肪表现形式，进而影响风味和口感，说到肉用价值，就不得不提及后面几个极具代表性的牛种。

典型热带牛种，拥有肩峰

典型温带牛种，体格强壮、背直

不同国家饲养同一牛种，为何品质不同？

产区是影响牛肉品质的重要因素之一，不同产区的自然环境、农作物饲料都不同。以生活在加拿大的安格斯牛种为例，安格斯牛作为肉牛品种，具有高价值部位产量大、善于沉积大理石花纹、耐寒的特性；加拿大高纬度的夏季天气清爽，牛群不用承受炎热带来的压力，无须浪费过多体力去“发脾气”或者厌食，而是可以专心地补充能量，积蓄“美味”；冬季寒冷的气候又形成对抗疾病的天然屏障，霜雪天气的洗礼使牛更强壮且健康。而如果放在南美洲炎热的天气里，可能肉质就会不尽如人意。

和牛

名　称	和牛
英　文	Wagyu
原产国	日本
养殖国	日本、澳大利亚、美国、加拿大、英国、智利、新西兰等

起源

和牛是日本肉牛的品种之一，英文为Wagyu，其中“Wa”表示日语，“gyu”表示牛。牛作为农耕劳动力在2世纪时首次引入日本，因为牛的耕作能力以及宗教背景的影响，当时牛在日本是被禁食的。直到明治维新开始后（1868年），农耕技术进步，取消了禁吃牛肉的法令，大家开始食用牛肉。

黑毛和牛

从1887年开始，日本引进了多国牛种，尝试与本地牛杂交、改良，以求培育出优质牛种，其中包括我们熟悉的安格斯牛、西门塔尔牛、荷斯坦牛等。

1910—1919年，日本不再杂交多品种牛，逐渐形成地区养殖系统，建立标准化体系，1919年，和牛这个名称诞生，日本政府开始为每只和牛注册登记。

1939年，以日本原有的但马牛为主，培育出了肉食牛种“田尻号”，它就是黑毛和牛的祖先，现在的黑毛和牛有90%“田尻号”的血统。

也就是说，现代和牛其实是日本本地牛与进口品种杂交的结果，1997年，日本将和牛指定为国宝，并对和牛实施了出口禁令。直到今天，日本仍旧不向国外市场出口活体和牛以及精液或胚胎。

在日本，和牛只能用来称呼100%全血统牛，而在其他国家则没有这么严苛，可以看出日本对这个国宝的珍视程度。

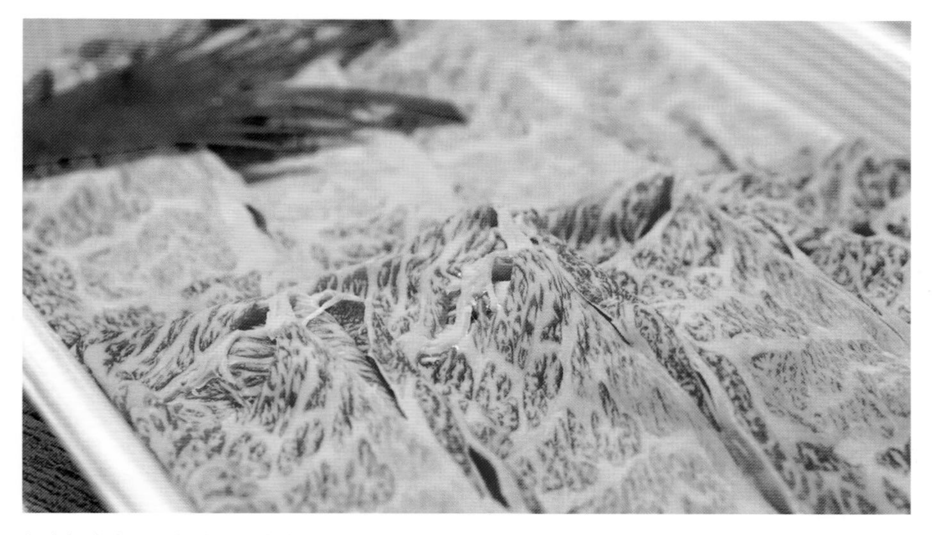

拥有细密大理石花纹的和牛肉

特征

因为日本独特的地质条件，火山以及邻近海洋促使其土壤肥沃，植被生长环境好，水源也更优质，因此日本饲养的和牛品质也优于其他国家。

和牛主要分为四个品种：黑毛和牛（Japanese Black）、褐毛和牛（Japanese Brown）、无角和牛（Japanese Poll）和短角和牛（Japanese Shorthorn）。90%以上的和牛为黑毛和牛，国际知名的神户牛肉（Kobe Beef）就出自黑毛和牛。

和牛的四个品种中除了无角和牛，其他的品种都有角，角略微向前弯曲，白色开始，黑色结束。牛的颜色为黑色和红棕色，身体强壮、耐力好、性格温和，很容易适应各种气候条件。每头牛一出生就拥有了出生证明，可以证明其血统，因此餐桌上的和牛肉都可以追溯到农场。

和牛具有卓越的谷物转化能力，能够最大化形成大理石花纹。和其他牛杂交后，也可以产生优质的肉质属性。

饲养

关于和牛成长过程中“喝酒、听歌、按摩”的传说早已流传甚广，那和牛到底是不是泡着温泉，听着小夜曲长大的呢？其实为了在日本获得认证，大部分和牛都会按照严格的标准谷物饲养。

有些生产者确实会在和牛小时候人工喂养乳制品，喂清酒则一般都是在夏季，温度和湿度的相互作用导致和牛摄入的饲料量减少，牛胃口比较差时，给牛喝一点清酒，可以增加其食欲。

在饲养时，除了按照标准给牛饲喂由谷物制成的饲料外，为了增加营养，还会额外喂食维生素和钙，还有个常见的做法是，用刷子蘸着清酒给牛刷毛皮，促进血液循环，缓解牛的压力，减少肌肉僵硬，以保证肉质。有些生产者还会在冬天给牛穿上衣服抵御寒冷。

安格斯牛

名　称　安格斯牛
英　文　Angus
原产国　英国
养殖国　美国、加拿大、阿根廷、新西兰、澳大利亚、南非、巴西等

起源

安格斯牛是当今最受欢迎的肉牛品种之一，也称为阿伯丁·安格斯（Aberdeen Angus）。最早的家庭饲养可以追溯到18世纪，与英国最老品种的卷毛加罗韦牛（curly-coated Galloway）亲缘关系密切。

牛种的建立要归功于休·沃森（Hugh Watson）、威廉·麦康比（William McCombie）、乔治·麦克弗森·格兰特（George Macpherson-Grant）这三位积极的饲养和改良者。休·沃森一直被认为是安格斯牛的创始人。

红色安格斯牛

当时的农民发现安格斯牛没有优质的抗寒性，于是他们将安格斯牛与英国长角牛（带有红色隐形基因）进行杂交。不久，第一头带有红色基因的安格斯牛出生了，这种杂交所生产的后代多数还是黑色、无角，约有1/4为红色的牛犊。

品种出现之初，休·沃森认定黑色才是安格斯牛的正统颜色，于是红色安格斯牛一直处于一个杂种牛的位置。大约在1917年，美国决定将红色安格斯牛从官方品种登记表中剔除，只有黑色可以注册，以保证血统。这种对红色安格斯牛的偏见让当时的牧民和育种者大为不满，于是他们精选优质红色安格斯牛进行饲养。1954年，几位有远见的育种者建立了一个独特的育种者组织，称为美国红安格斯协会（RAAA），这个协会至今仍然存在。如今，两种安格斯牛除了颜色不同，其他基本没有差别。

安格斯牛身上覆盖的长毛可以抵御寒冷的冬季

特征

安格斯牛是典型的无角牛，牛角会引起牛之间的伤害，因此安格斯牛这个特性既保护了同伴，又省去了脱角的麻烦。颜色主要有黑色和红色两种，黑色居多，乳房周围偶尔会出现白色。

安格斯牛可以抵抗恶劣的气候，适应能力强，饲料转化率高，再加上体形偏大，所以作为肉牛其产量高，更倾向于生长丰富的大理石花纹、白色脂肪和鲜红色的瘦肉，此为其他大部分牛种所不及。

也因为母牛孕育能力强，小牛犊基本不需要特殊照顾，出生后就能展现生存本能。安格斯牛也是杂交效率最高、可携带优质基因的品种之一。

肉牛价值

安格斯牛在国际上的声誉非常好，可以给生产者带来更高的利润回报率；而对于消费者，与大多数牛相比，安格斯牛的大理石花纹（肌内脂肪）更好，吃上一口油花丰富的谷饲安格斯牛肉，是一种妙不可言的幸福之味。

19世纪初，安格斯牛首次进口澳大利亚；1874年，安格斯牛首次到达美国，成为最受欢迎的肉牛品种；在加拿大，登记在册的纯种牛中，将近一半都是安格斯牛。可见，安格斯牛的好味道，与人“情投意合”。

“安格斯”一词现在基本已经成为优质牛肉的代名词，为了让产品增值，市场上有许多带有“安格斯”标签的牛肉产品。但安格斯本身是牛的品种名，本身并不一定表示最高质量。

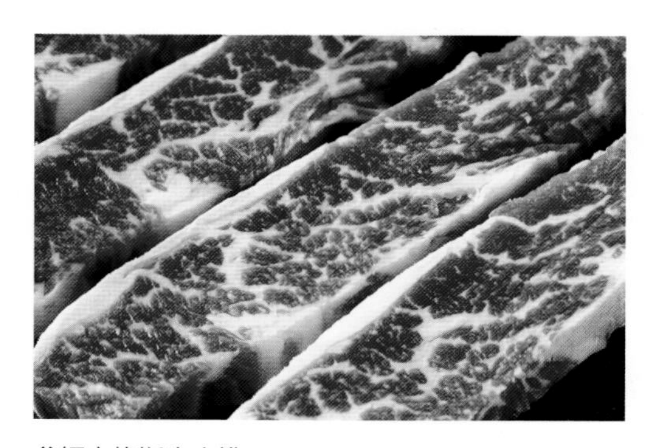
谷饲安格斯牛小排

海福特牛

名　称	海福特
英　文	Hereford
原产国	英国
养殖国	澳大利亚、美国、乌拉圭、巴西、加拿大等

起源

海福特牛是英国最古老的牛种之一，起源于英格兰南部的赫里福德郡。在古罗马时期，那里的居民对两件事情具有极大的热情：战争和耕牛。

牛可以自己觅食并适应任何气候环境。因此，这个地方的牛就以庞大的体形、坚韧的耐力和优秀的肉质被人所熟知。

1738年，本杰明・汤姆金斯（Benjamin Tomkins）在赫里福德郡率先开始对海福特牛进行商业养殖，并致力于优化肉牛品种。1817年，第一对海福特牛“夫妻”被出口到美国，23年后，纽约建立了美国的繁育牛群。1878年，在维多利亚女王的赞助下海福特牛协会成立。

将近300年的育种、饲养奠定了海福特牛种在世界肉牛产业的地位。如今，海福特牛在全球注册肉牛中的占比最大，为全世界提供了优质的牛肉。

白色的脸是海福特牛的最大特征

特征

现在我们能见到的海福特牛基本以棕红色、红黄色为主，白色的脸、头顶、喉部、肚皮，腿上也偶见白色印记。

海福特牛的肌肉发达，体形在肉牛中算是佼佼者，通常有短而粗的角，弯曲在头的两侧，也有一些海福特牛无角。作为传统而古老的品种，海福特牛的适应能力强，性情温驯，存活率高，即使在极端环境下也悠然自得。

海福特牛强壮、坚韧耐劳

海福特牛温驯，长相可爱讨喜；经过精细饲养，也会有漂亮的大理石花纹，细嫩的滋味让人回味无穷。国外会把海福特牛肉做成优质的牛排端上餐桌，而我国大多将其做成深加工原料。

战争之“神”

随着美国南北战争结束和工业革命的到来，人们对牛肉的需求也不断增加。海福特牛坚韧，具有强大的繁殖能力，可以在恶劣的环境下生存，可以直接把它们驱赶到铁路运输点，然后通过铁路运输到屠宰场。

第二次世界大战期间，海福特牛群在穿越大西洋的旅途中被鱼雷袭击，有两只勇敢的海福特牛游泳到爱尔兰海岸得以生存。从危难中脱险而生，这就是它们毅力和力量的体现。

深加工的牛肉饼

婆罗门牛

名　称　婆罗门牛
英　文　Brahman
原产国　美国
养殖国　澳大利亚、阿根廷、巴西、乌拉圭等

起源

1885年，美国用印度瘤牛、欧洲瘤牛、美洲瘤牛及部分英国肉牛培育出一个新的肉牛品种——婆罗门牛。

美国的婆罗门牛育种者协会成立于1924年，是官方婆罗门牛登记处，用于追踪和验证牛的血统。20世纪初，婆罗门牛开始出口，特别是出口到热带国家。1933年，澳大利亚昆士兰州牧民联合会进口了大批婆罗门牛。在澳大利亚北部，超过50%的牛都是婆罗门牛或者婆罗门杂交牛。

长腿可以帮助婆罗门牛在广阔、贫瘠的土地上游走

特征

婆罗门牛是最好辨认的牛种之一，因为它的肩颈部有一个肩峰。面部较长，角向上弯曲，有时向后倾斜，大耳朵垂在脸的两侧，眼泡略肿，看上去永远是一副温驯的模样，比较容易和人产生互动，有些牧场会提供骑行等让它可以和人亲密接触的活动。

牛的颜色从非常浅的白灰色到棕红色、全黑色都存在，但是大部分还是浅灰色、中灰色。成熟的公牛比母牛的颜色深，通常在脖子、肩膀和大腿处有深色区域。

婆罗门牛为人称道的一点就是具有很好的耐热性。这和它的外表也有关系。婆罗门牛的毛发短而浓密，有光泽，可反射大部分的阳光，再加上皮肤颜色深，可以使它在炎热的正午悠闲地在阳光下吃草，而不会觉得难受。除了耐高温，在较冷的环境下，它也表现良好。同时，它拥有特殊的汗腺，散发的味道对寄生虫具有良好的抵抗力。

肉质特点

婆罗门牛体形中等，以其深厚的肌肉构造和产肉量大而闻名。

经过多年品种改良，婆罗门牛可以培育出大理石花纹和柔嫩的口感。同时，它的瘦肉很多，也就意味着摄入的脂肪和胆固醇更低，这让追求健康蛋白质的消费者非常满意。

国内一般都会用婆罗门牛肉做深加工产品。

草饲的婆罗门牛肉多用作原料，如果制作牛排，风味、嫩度会有所不同

× 全球产区 ×

从2012年开始，我国逐渐成为全球进口牛肉量增速最快的国家，现在已成为全球最大的牛肉买入国。我们吃的牛肉究竟来自哪里呢？

牛肉产业是一个资源集中产业，严重依赖土地资源，像石油一样，全球分布并不均匀。根据基础饲料的不同，牛肉被分为草饲牛肉和谷饲牛肉，而产区也确定为草饲牛肉产区和谷饲牛肉产区。

草饲牛肉产区

草饲牛的养殖依靠自然，需要大面积的草地资源，草饲牛肉产区主要产出两类产品：健康牛肉以及原料级别成本低的牛肉。主产区集中在巴西、阿根廷、乌拉圭等南美洲国家，以及新西兰、澳大利亚北部。而印度，纵使是全球牛肉最大的出口国，因为其不符合我国进口牛肉的审核条

在巴西，有些牧场面积甚至达到数千万平方米

在加拿大，有丰富的饲料供给牧牛养殖

件，所以并不在正关进口的名单之内。

以巴西为例，作为全球第二大牛肉产地，自然草场资源丰富，牧场大多采用无人值守的围栏饲养模式，牧场平均面积达数百万平方米，低廉的土地价格促使饲养成本低，草饲牛肉多用于深加工产品。

谷饲牛肉产区

谷饲牛肉产区需要大量谷物饲料为牛提供能量，生产出高价值肉品，供应给中高端市场。主产区集中在加拿大、美国等北美洲国家，澳大利亚南部、南美洲国家少部分地区和日本、韩国。我们熟知的日本生产高端谷饲和牛，拥有优质的牛种基因，但目前我国还没有正关进口的日本和牛。

以加拿大为例，作为世界上最大的谷物生产国之一，在西部省份有超过8万农户种植大麦和小麦，东部的气候则有助于玉米的大量生长，其丰富且价格低廉的谷物能支持大规模、高质量谷饲牛的饲养。

根据全球主产区的分布特点我们大致可以了解到，北美洲以集中规模化育肥的谷饲牛肉为基础；大洋洲有全球最丰富的肉牛产业自然条件，较少的人口和丰富的自然资源让大洋洲可以生产各种品类的牛肉，从低端的草饲牛肉至中高端的安格斯牛肉甚至到高端和牛肉；南美洲则有丰富的牧草资源，适合生产草饲牛肉，下面我们将着重讲解一些全球优质牛肉产区。

加拿大牛肉，为何如此迷人

什么样的牛肉还能在食客的心中溅起水花？面对各式各样的牛肉部位、五花八门的烹饪手法、无法标准化的食客口味，加拿大牛肉都能成为颇受欢迎之选，大到各国不同的菜系，小到其中的一个菜品，都有非常丰富的演绎方式，从中餐到西餐，都能在食客心中占有重要的位置。

加拿大的牧牛生产历史可以追溯到17世纪，那时，牧牛是迁往加拿大的移民所依赖的肉、奶和牛皮的重要来源。经过300多年的发展壮大，如今加拿大已经成为全球第三大优质谷饲牛肉出口国，加拿大在为世界提供安全、健康、美味的牛肉方面扮演着重要的角色。

一块让人垂涎又心甘情愿为其付费的牛肉绝不仅仅依靠厨师的技术，还要从加拿大牛肉几个非常重要的组成部分说起：世界级的牛种基因、牛肉蕴含的丰富营养、负责任的可持续生产方式以及政府批准的加工系统等。

加拿大被公认为是牧牛养殖的世界领导者，向世界各地出口基因遗传技术。养牛者精选特洛斯（Bos Taurus）这一肉牛品种饲养，出产的牛肉具有卓越的口感和柔嫩肉质，在世界各地都有很高的需求。

加拿大养牛者选用安格斯牛（Angus）、海福特牛（Hereford）、西门塔尔牛（Simmental）、利木赞牛（Limousin）和夏洛莱牛（Charolais）生产的牛肉具有浓郁的风味。在加拿大，超过2/3的牛是安格斯牛和海福特牛杂交繁育，从而使牛肉具备最佳食用品质与一致性，这点对全球所有食客来说甚为重要。

《晏子春秋》中说：“橘生淮南则为橘，生于淮北则为枳。”而后半句，道出了加拿大牛肉品质卓越、风味独特的原因之一：“所以然者何？水土异也。”

加拿大牧场环境

加拿大优质谷饲牛肉

加拿大是世界上国土面积第二大国家，却只有3800万人口。开阔的土地资源是牧牛养殖的“天选之地”。丰富的淡水资源、开放的牧场、肥沃的草地和充足的自产高能谷物饲料都为生产卓越的牛肉产品提供了优良的条件。作为世界上最大的谷物生产国之一，这里的谷物饲料产量丰饶，采用玉米、大麦、小麦饲养的牧牛具有丰富的大理石花纹、柔嫩的肉质、浓郁的风味和洁白的脂肪颜色。

加拿大食品检验署（CFIA）严格执行国家畜牧饲料计划，旨在确保所有畜牧饲料在国际认可的危害分析和关键控制点（HACCP）系统内生产。

加拿大肉牛的饲养方式和动物健康措施使得超过85%的肉牛，在16～24个月的时间里就可以达到市场最佳重量进行屠宰，年轻的肉牛产品提供卓越的食用品质和最佳的柔嫩度，整体优化的食用感受，足以满足最挑剔食客的味蕾。

加拿大的农场主和牧场主通过牧牛身份识别和追源查证系统来确保其牧群的安全，加拿大所有的肉牛都必须佩戴由加拿大食品检验署（CFIA）批准的无线射频标识技术（RFID）耳标，相关的动物信息会被记录并保存在加拿大牲畜查证系统（CLTS）数据库中，每头肉牛的唯一标识号都将被保存直至出口或屠体检验以便于追溯。这一牧牛身份识别系统根据联邦法规在加拿大强制执行，在北美地区也是首创。

在加拿大食品检验署（CFIA）管辖下的所有肉类加工企业都必须制定预防性控制计划，从活体检查、屠宰过程、胴体检查再到屠体分切、冷冻包装等的全流程，都建立在国际公认的危害分析和关键控制点（HACCP）模型之上，并由现场的加拿大食品检验署（CFIA）人员专职定期检查和审核，充分保障着牛肉的质量与安全。

加拿大设计了综合性的牛肉品质评级系

加拿大牛肉优势的四大支柱

统，以确保加拿大优质谷饲牛肉充分满足并超出全球食客的期望。牛肉品质评级服务由加拿大牛肉评级署（CBGA）独立提供，由评级署认证的评级员按照国家评级标准对屠体进行评级，这些评级的特质包括大理石花纹、肉色、脂肪色感、肌肉度、肉质感与成熟度，满足每项特质的要求，才能被评为加拿大优质牛肉等级Prime、AAA、AA、A。

年轻牧牛的质量等级标准*1

等级	油花度 *2	成熟度 *3	肉色	脂肪色感	肌肉度	肉质感
加拿大 *4						
极佳级 Prime	稍多量	年轻	鲜红	不允许黄色	良好或更好	结实
AAA	少量	年轻	鲜红	不允许黄色	良好或更好	结实
AA	较少量	年轻	鲜红	不允许黄色	良好或更好	结实
A	较少量	年轻	鲜红	不允许黄色	良好或更好	结实
美国 *4						
极佳级 Prime	稍多量	成熟度 A 和 B 级	淡红	允许黄色	无最低要求	中等结实
特选级 Choice	少量	成熟度 A 和 B 级	允许深暗肉色	允许黄色	无最低要求	稍微松软
可选级 Select	较少量	成熟度 A 级	允许深暗肉色	允许黄色	无最低要求	中等松软
合格级 Standard	几乎全无	成熟度 A 和 B 级	允许深暗肉色	允许黄色	无最低要求	松软

注：*1 加拿大的油花标准在1996年做了修改，以对照已登记专利的USDA美国油花标准。用于USDA Prime（稍多量），Choice（少量）及Select（较少量）的各等级最低油花标准，与加拿大区分年轻品质牛屠体的对应Canada Prime，AAA及AA等级中的最低油花标准相同。

*2 品质等级类别可允许的最低油花度。

*3 成熟度类别反映了本土要求。

*4 以上为2017年3月的标准。

加拿大的农场主和牧场主都知道，健康和受到精心照顾的动物是使用更少资源、对环境影响更小的优质牛肉生产的基础。按照省和联邦法律对于土壤和水质进行检测和保护，才能支撑家庭牧场世世代代可持续和负责任的加拿大牛肉生产。关爱自然环境和动物健康是加拿大牛肉生产的重要理念，也是加拿大牧牛和牛肉行业对客户的重要承诺。

总裁寄语

加拿大的养牛农场主、牧场主和牛肉生产厂致力于满足世界各地消费者不断变化的需求。我们的优质谷饲牛肉，在举世闻名的牧场及工厂食品安全和质量保证体系下饲养和加工而成。加拿大牛肉作为绝佳的选择，每次都能为您带来愉快的食用体验。

——加拿大牛肉协会总裁　迈克尔·杨（Michael Young）

澳大利亚牛肉的温度感

澳大利亚的畜牧业传统已历经2个多世纪——从1788年开始，澳大利亚就开始了肉牛牛群的引进和养殖。安格斯牛、和牛、海福特牛、西门塔尔牛、利木赞牛等品种的牛群陆续出现在这片土地之上。

众所周知，在不同的地域种植同一种葡萄，往往因气候与土壤的差异，酿造出的红酒味道也会千差万别。而牛群的养殖也遵循同样的道理。

澳大利亚四面环海，在769.2万平方千米的土地上，超过2/3的土地用于畜牧业。远处山脉连绵起伏，脚下草地郁郁葱葱。干净清新的空气和自由无拘束的广阔天地给予了动物理想的生长环境。

澳大利亚的国土覆盖一整个大陆，加之完善的边境政策，使得动物免受重大流行性疾病，如口蹄疫（FMD）、疯牛病（BSE）和其他动物传染病的侵袭，动物的健康状况良好。

澳大利亚畜牧业的发达不仅得益于得天独厚的地理优势，同样有赖于一系列产业标准的严格把控。

作为动物识别技术的世界领先者，澳大利亚的牛只从出生起，耳朵上就会佩戴伴随其终生的电子耳标，即澳大利亚国家牲畜鉴别体系（NLIS）。每个识别码可以有效地

澳大利亚自然环境优越，牧场环境优良

每头牛都有自己的专属耳标

谷饲牛在育肥场

追踪每头牛的成长轨迹、饲养系统和健康状况。

每头牛的性情不一，牧场主通过耳标信息去了解、陪伴，与动物对话和相处，在保障动物福利的同时，也有效地保证了肉品的健康与安全。

当牛只从牧场过渡到谷仓区域后，根据国家育肥场认证（NFAS）高水准的动物福利标准，牛只拥有14个篮球场大小的活动空间、洁净的淡水和营养丰富的谷物饲料。在整个过程中，人与动物之间的链接会不断调整，让动物免于恐惧和压力，自然地生长。

人性化对待，保证其健康快乐地成长，这头牛的幸福感才会被奇妙地定格在食客手中的那块牛肉上。

值得一提的是，澳大利亚畜牧业在保证肉品源头的同时也为食客的选择提供了多重标准和专业化体系——澳大利亚牛胴体分级体系。

该体系根据大理石花纹标准、脂肪色、肉色、生理成熟度、最终pH、背峰高度、背膘厚度来综合判定。其中，单单我们所熟知的MSA牛肉大理石花纹标准就有10个等级，为M0 ~ M9。

我们在国内选购牛排时，通常依照以下两个标准：

谷饲时间

一般为宰前评级，是澳大利亚比较常见的评级方法。谷饲牛所食谷物的能量越高，时间越长，其肉质就更嫩滑、汁水更充盈，大理石花纹也更丰富。

大理石花纹

大理石花纹标准为宰后评级，M后的数值越大，大理石花纹则越浓密，汁水和香气也更丰富，更值得食客为此美味付费。

一切标准的制定，都是为了更好地满足食客对高品质牛肉的期望。

有发达的繁育技术、标准化的产业技术、完备的产品价值体系等一系列专业支撑，让澳大利亚在全球牛肉产业中占据领先地位。

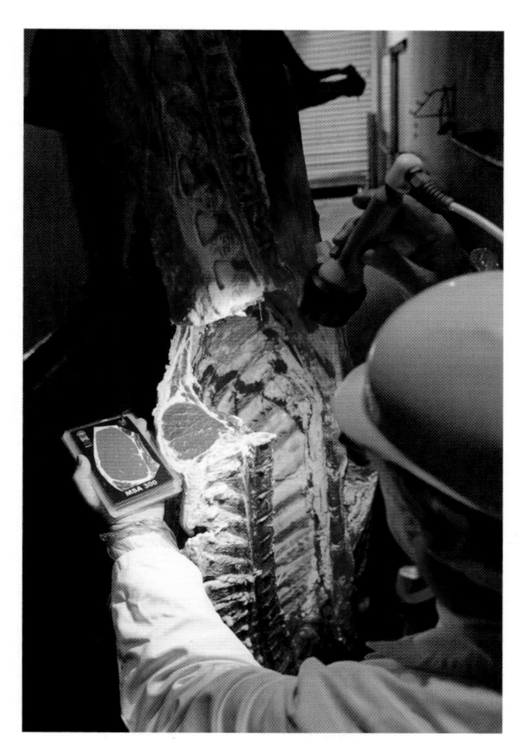

胴体评价由具有资质的评价师来完成

澳大利亚牛肉美食

美国：牛肉不仅仅代表食物

美国拥有世界上最大的牛肉饲养产业，作为全球最大的牛肉产能国，美国同时也是最大的牛肉消耗国。

15世纪，西班牙长角牛随着哥伦布和其他西班牙探险家的第二次航行，首次来到美洲大陆。1525年定居者开始饲养牛，当时主要将牛用于务农、运输和产奶。到1950年左右，研究人员开始取得肉牛育肥成果，玉米等谷物以及当地的土豆、甜菜开始支持大规模谷饲肉牛的饲养，至此，美国现代的饲养体系形成。

育肥场中的牛

在美国的饮食文化中，牛肉绝不仅是食物金字塔顶尖的一个元素，牛肉的特殊地位，远远超出了味道和价格可以衡量的范围。每咬一口牛肉，都是对“民族身份的确认”。

西班牙人抵达美洲后不久，他们开始建立牧场来饲养牛和其他牲畜。牧场主雇用了牛仔来照看牲畜。当时的牛仔以出色的捆扎、骑马技术和放牧技能闻名。提及牛仔，我们会想到小说和电影中塑造的人物，粗犷、潇洒，身着牛仔裤和皮衣，腰上挎着左轮手枪，穿着高筒皮靴，戴着宽檐帽，而他们唯一的财产，大多是家里的牛。他们骑着马风驰电掣而来，惩恶扬善，再带着一位金发女郎绝尘而去。现实中的牛仔并没有这么潇洒，但也绝对让美国人念念不忘。

现在美国有1/3的农场和牧场饲养肉牛，91%的养牛农场和牧场为家庭所有，随着基因技术、动物营养、动物福利的发展，虽然牛只数量有所减少，但丝毫不影响牛肉的产量。

在超市仔细寻找，就能发现美国牛肉的身影，注意它的级别，美国牛肉有8个等级，由评级人员根据美国农业部（USDA）所制定的标准执行，在我国可以看到：极佳级（USDA Prime）、精选级（USDA Choice）、可选级（USDA Select），不同的级别拥有不同的外观、柔嫩度和风味。等级盖印会在牛肉的外包装上展示。

美国牛肉等级

等级	介绍
极佳级 Prime	优质谷饲青年牛 丰富的大理石花纹 肌肉嫩度高
特选级 Choice	高质量牛肉 大理石花纹低于极佳级 腰脊部位牛排嫩、多汁、风味十足
可选级 Select	质量一致 大理石花纹较少 嫩度和多汁性有所欠缺
合格级 Standard	常用作商铺自用品牌出售
商用级 Commercial	
可用级 Utility	产量小 制作碎牛肉和加工产品
切块级 Cutter	
罐头级 Canner	

当你在后院支起一个烤炉，听着美国牛排吱吱作响，不妨试想一下，在遥远的德克萨斯州，可能有位牛仔走进餐馆，用标准的译制片腔调对老板说：

“嗨！老伙计，可以给我来一块上好的肋眼牛排吗？再加一大杯啤酒。”

美国牛仔

烤带骨肉眼牛排

乌拉圭：从大自然到餐桌

来自潘帕斯草原的乌拉圭牛肉是美食家餐桌上不可或缺的滋味，它会给味蕾带来一场奇幻的自然旅程。

在乌拉圭，80%的土地都用于饲养牲畜和动物，那里多采用自由放牧形式，是世界上牛可以不受限制自由漫步的大牧场之一。

经过近2个世纪的发展，2019年乌拉圭牛肉消费量占肉类总消费量的一半，作为世界第7大牛肉出口国，乌拉圭70%的牛肉产品都用于出口。因为多生产高质量的草饲牛肉，且没有口蹄疫和疯牛病的发生，乌拉圭一直是我国批准的进口牛肉来源国之一。

从空中俯瞰，乌拉圭就是一部要上演牛群与自然故事的大电影。意为“彩鸟栖息之河”的乌拉圭河拥有稠密的水道网，乌拉圭国名来源于此，加上东南临大西洋，丰富清透的水资源孕育出清新的空气与丰茂的植被。

乌拉圭的牛饲养规则很简单：自由放养、纯草喂食、无生长激素、无抗生素、无动物蛋白喂养。这使得乌拉圭草饲牛肉成为追求“健康”“自然”食客的心头好，其低脂

自由放牧形式

一望无际的牧场

肪也是现代人一直所追求的有价值的因素。

乌拉圭大部分牛都是牧场草饲。2019年，仅有12%的牛是在谷饲系统下成长起来的。草饲给了乌拉圭牛肉产业独特的行业视角。

乌拉圭牛肉拥有的另一个亮点就是强大的追溯系统。每头牛在出生后都会拥有一个“黑匣子”——SEIIC系统。不论是只拥有两头牛的农民，还是拥有两千甚至两万头牛的农场主都可以参与其中，因为它是免费的，完全由国家支付，该套追溯系统在全球牛肉产业中获得了高规格的认可度。

追溯系统记录牛的每一个举动，包括牧场、运输、切割、储存、贸易等数据信息，在确保食品安全的同时也在食客面前重现了一块牛肉从大自然到餐桌的全过程，让全球每一位消费者确切地知道这块牛肉的任何信息。

草饲牛肉

牛耳朵上的“黑匣子”

爱尔兰：草饲牛肉“绿岛”

爱尔兰传统经济以农牧业为主，畜牧业及其产品约占农业总产值的70%以上，是世界上最成功的农产品出口国之一，尤其是在肉类和乳制品方面。2018年，爱尔兰成为第一个获准向我国出口牛肉的西欧国家，产品以草饲牛肉为主。

爱尔兰在农业，特别是畜牧业方面有着悠久的历史。和很多国家一样，最早牛不是用来食用，而是用于田间劳作、生产乳制品，只有奶牛因为年纪太大无法劳作或无法产奶的情况下才会被食用，但食用者寥寥无几。

随着农耕饲养技术、知识代代相传，家族农场获得了高质量的牛群，进口牛以安格斯、海福特、婆罗门等牛种居多。爱尔兰牧民的血液中蕴藏着对农业、畜牧业的热爱，土地和牛群的健康是他们眼中至关重要的事情。

爱尔兰对自然环境良好的保护，让它素有“翡翠岛国”之称，也被称为“绿岛”和“绿宝石”。放眼望去，尽是被茂密绿植覆盖的土地，十分宜人，这里生产出的营养价值极高的黑麦草和绿叶苜蓿，为牛群提供了理想的草食。

以草食为基础口粮的牛可以生产出更具自然风味的牛肉，无论是做成中西餐都很美味。

在大部分人心中，更多草食和放牧饲养意味着肉质的健康和安全，也更符合动物本身对生长与生活环境的需求，是动物福利的一项重要内容，这与爱尔兰草饲理念不谋而

爱尔兰牧场中的牛

爱尔兰拥有北半球所有国家中最长的放牧季节

合。直到现在，牧民仍旧坚持牧羊犬是管理牛群的"主力军"，这是种"润物细无声"的驱赶管理方式，同样作为动物，牧羊犬比人类或者狭窄的大门、机器，可以让牛在放牧过程中更轻松。

爱尔兰拥有24家在华注册的牛肉加工厂，全部符合爱尔兰的食品安全标准，在牛的生长过程中禁止使用激素和促生长剂，并且全程可追溯。牛胴体标准按照欧洲标准执行，考虑到了对成熟度、牛肉肌肉和脂肪含量的评估。

牛胴体的骨架尺寸、肌肉结构通过字母E、U、R、O、P表示，E为最大，P为最小；脂肪含量通过数字1、2、3、4、5表示，1的脂肪覆盖率最低，5的脂肪覆盖率最高。

爱尔兰是全球唯一有国家级针对食品行业可持续发展计划——源于绿色（origin green）的国家，目的是减少碳排放、温室气体排放，用于实现对环境的承诺，这里的牧场主不仅要养牛，同时也要保护土地的自然资源和生态环境，以保证畜牧业和环境的可持续发展。

爱尔兰牛肉动物性别分级

年龄代码	类型	规格
A	YOUNG BULL	16 个月以下公牛
B	BULL	用于繁殖的成年雄性公牛
C	STEER	已阉割的成年雄性公牛
D	COW	育有至少一头小牛的成年母牛
E	HEIFER	尚未产犊的成年母牛

从一片郁郁葱葱的"绿岛"而来的牛肉

× 牧场档案 ×

和其他一些产品的入门方式大致相同，购买牛肉时，除了要了解部位、等级这些信息之外，想要获得稳定的品质和自己更喜欢的风味，需要了解它的品牌。

而我们所说的品牌，不是经销商或者零售商，而是牛出生和生长的地方——牧场。

不同的牛肉来自不同的产区，具备该产区的基本特点，而各个牧场品牌会有其独特的牛种基因、个性化的饲养方式，从而产生出不一样的牛肉特质和产品品类。

比如，和牛品牌Blackmore在牛种基因上就有严格的规则，他们致力于生产100%全血和牛产品，不与其他任何牛种杂交，每一次繁育的伴侣都需要经过精确的性能数据匹配。他们的育种计划主要采用日本三个比较出色的和牛品种：Itozakura、Kikumidoi和Kikutsuru。Itozakura、Kikumidoi系的牛种体形健壮、生育能力强，而Kikutsuru系的牛种则负责提高包含大理石花纹在内的所有牛肉品质特征。这些基因在牛肉产品的质量方面起着至关重要的作用。

而拥有澳大利亚凤凰牛肉产品系列的Mort＆Co公司，在每个饲养场旁，都配有独立的农场种植高粱、玉米、小麦、大麦、绿豆等农作物，用来补充作为牛的饲料。经过动物营养专家设计，包含矿物质、蛋白质、维生素等优质元素的饲料可以满足牛的营养要求，确保牛肉达到最佳的品质，满足食客对牛肉汁水、嫩度、香气的全部需求。他们还拥有数量多、空间充足、舒适的牲畜运输车，来保证牛从牧场到饲养场，再从饲养场到加工厂的运输，减少牛在运输中的压力，才能在屠宰后展现绝佳的质感。

遗传基因的改良对出肉率和肉质品质有重要影响

凤凰牛肉产品系列

产品系列	血统	大理石花纹评分	谷饲时间
黑标凤凰	格兰切斯特黑安格斯	M0 ~ 1，M2 ~ 3，M4 ~ 5	150 ~ 200 天
红标凤凰	F1-F4 和牛	M4 ~ 5，M6 ~ 7，M8 ~ 9	365 ~ 400 天
金标凤凰	纯种、全血和牛	M6 ~ 7，M8 ~ 9，M9+	400+ 天

注：100%MSA评级；100%无激素；清真认证。

不论是Blackmore还是凤凰牛肉产品系列，它们都有其独特的饲养方式，但绝不仅仅是依靠某一种特质获得品牌的成功，牛肉的生产是天、地、人的结合，牧场的饲养为每块牛肉都注入了灵魂，下面将详细介绍几个极具代表性的牧场。

“自然的浪漫”银蕨农场：草饲牛肉，美好从此启程

100% 源自新西兰

喜欢吃牛肉的人对新西兰的银蕨农场（Silver Fern Farms）应该不会陌生。银蕨农场成立于1948年，旗下拥有14家工厂，遍布新西兰，其中9家为准入输华工厂，拥有超过16000个银蕨农场主合作伙伴。作为新西兰最大的草饲牛肉、羊肉和鹿肉的生产商和出口商，无须加其他任何头衔，光是100%源自新西兰牧场的草饲牛肉，它在国内外食客心中已经极具代表性了。银蕨农场准入输华牛肉加工厂厂号：ME9、ME26、ME34、ME52、ME58、ME100、ME102、ME112、ME125。

草饲牛肉并不新鲜，但像银蕨农场这样把牛群完全放养在牧场上，绝对是世界上为数不多的最自然也最奢侈的饲养方式。

美味来源于自然

银蕨农场总是给人很多画面感，青翠或覆满白雪的远山永远和天空连在一起，空气中的静谧感，草地被风吹过的沙沙声格外分明。

银蕨农场的牛群就生活在这样的纯天然环境里，呼吸着清新的空气，咀嚼着丰茂的

生活在银蕨农场的牛

银蕨农场环境

青草。它们神态自若、步履轻松。

开放牧场草饲饲养，无添加剂、无抗生素，从未育肥饲养是银蕨农场主坚持的饲养理念，牛群完全融入这片土地。优越的饲养环境是大自然的恩赐，帮助银蕨农场保持100%食品安全、安全事件零召回的纪录。

美味来源于守护

饲养牛群的农场主是这片土地和动物的守护者。银蕨农场人对美食充满热情，希望并且非常荣耀地与全世界分享来自新西兰的美味。

银蕨农场坚持环境可持续发展，减少对土地的破坏。农场有计划有目标地减少水和能源的使用，减少温室气体排放；因地制宜，种植本地植物，改善生物多样性，保护自然水体、湿地及相关栖息地。银蕨农场让更多农场主意识到，适宜的气候、洁净的空气、纯净的水资源对牧场多么重要。

每一个银蕨农场合作的农场主都会有专家指导并分享如何最大限度地保障动物福利，如何才能生产出世界上最优质的牛肉、羊肉和鹿肉，如何才能走在时代前列，保持领先地位。银蕨农场主经验丰富，有些已经是第四代人在经营农场。他们知道如何给动物减轻压力并促进更好的动物福利，如何一年365天保证牛群的牧场饲养，并坚决贯彻新西兰的农场保障方案。

所以，“自然”并不意味着疏于管理，反而更需要精心的呵护。

70多年来，银蕨农场的生产过程均经过严格的测试和检验，保证满足新西兰第一产业部以及美国农业部、英国零售协会（BRC）等国内外制定的最高标准。每一头银蕨农场的牛都拥有RFID识别追踪系统，防止多牲畜使用同一身份，保证了食材的可追溯性。

根据银蕨农场食用品质体系（Eating Quality System），食用品质评级专家以科学为依据对牛肉品质进行分级，为消费者提供风味纯正、鲜嫩多汁的高品质牛肉；每箱精心包装的产品都拥有原产地标记并分配唯一批次号码，可以清晰地找到食品来源。

在银蕨农场，无论何时问及农场主、工厂的评级专家和屠宰人员：“美味开始于哪里?”

他们都会直接告诉你：“美味从这里开始（Delicious Starts Here）。”

广阔的牧场饲养和先进的生产方式需要整个团队极大的耐心和细心来守护每一个流程，这才能成就消费者面前的一块放心、省心、舒心、营养而且美味的优质牛肉。

美味来源于银蕨农场

银蕨农场草饲牛肉的美味奥秘在于其整个饲养和加工过程。新西兰银蕨农场未经雕饰的草饲牛肉和我们对牛肉口感的固有印象完全不同，入口足以称之为惊艳，绝对颠覆你对牛肉的想象，让人不禁感叹：这才是牛肉本来的味道。

营养丰富的牧草使牛肉天然低脂，不会给食客造成身心健康负担；细腻程度得到了良好的改善，肉块放入口中可以和舌头形成

经验丰富的银蕨农场主

银蕨农场牛肉产品

微妙的触感；经过至少21天精心熟成，嫩度显著提高。

呼吸与品味之间都可以感受到草饲牛肉独有的质朴与纯真的香气，加上丰盈的汁水，整块牛肉更显和谐，很难想到什么恰如其分的词来形容那种食物慰藉心灵的感觉。

与谷饲牛肉相比，草饲牛肉的饱和脂肪含量更低，而维生素A、维生素E、共轭亚油酸和omega-3脂肪酸含量较高。

想买一块口味始终如一的牛肉总是很难，作为“美食家”的银蕨农场还开发了精备（Reserve）系列牛肉，由银蕨农场评级专家亲自把关，100头牛中仅精选4头。

安格斯牛肉系列则选用强健的苏格兰牛种，饱满而美味的口感、浓郁嫩滑的风味及入口即化的质地让人销魂。不需要过多的调味，美味就可信手拈来。

新西兰是蕨类植物的宝库，银蕨是新西兰的国花，毛利人称之为初露。传说中银蕨原本生长在海洋，后被邀请来到森林里生活，就是为了指引毛利人民。农场用“银蕨”命名，用银蕨图案作为标识，指引着我们从草饲牛肉中寻找到自然的浪漫和牛肉的美味。

银蕨农场肉眼牛排

石斧：和牛品牌挑战赛总冠军

澳大利亚全血和牛品牌石斧（Stone Axe），在2021年的澳大利亚和牛品牌挑战赛上获得全血组冠军、金牌和总冠军，成为该赛事首次蝉联2020年、2021年两届总冠军的和牛品牌。评委评价说，石斧牛肉拥有令人难以置信的丰富度，以及香甜味、乳制品和谷物的复杂风味，入口即化，口感细腻柔滑，并以丝绸般精致的回味结束。

除了最具吸引力的全血和牛品牌石斧，这家公司还有同样非常优秀和牛品牌玛格丽特河（Margaret River），产品包括纯种和牛、杂交和牛，其致力于把优质和牛肉介绍给全球食客。

石斧牧场的牛种

血统历史

20世纪90年代初期，克里斯·沃克（公司联合创始人马修·沃克的父亲）认为全血日本黑毛和牛在澳大利亚会非常有发展潜力。但当时，日本与澳大利亚之间没有直接进口协议，他决定通过美国将日本和牛带回澳大利亚。

将84头母牛和3头全血黑毛和牛品种的公牛出口到美国后，经过几代繁殖，克里斯精选了40头母牛和9头公牛，运往澳大利亚新南威尔士。今天，这些基因存在于数以千计的澳大利亚新南威尔士牛群中，其中一些仍旧保持着100%全血日本黑毛和牛基因。

全血和牛冠军品牌——石斧

石斧牧场可以说是最适合和牛生活的地方。牧场海拔1000米以上，非常适合全血黑毛和牛的繁殖和饲养，空气清新，晶莹剔透的溪流从绿色的山谷中蜿蜒而过，每头牛都可以得到自然的庇护；牛群在这里都由专门受过技术培训的人员饲养，牧场坚持严格的动物福利制度，确保动物都可以无压力地生长；每头牛都有自己独特的标识标签，饲养人员可以仔细监察每只动物的发育情况，整个产品周期都可被追溯。

目前，石斧牛肉出口到我国的量不多，但任谁吃了都得夸上一句“真不错!”

石斧全血和牛吃优质饲料长大，形成卓越的大理石花纹，带来优质的食用体验。

从遗传基因到饲养再到加工，石斧确保每一头和牛的最高品质，实现了“在日本以外建立最大全血日本黑毛和牛群之一”的愿景。

玛格丽特河

公司的另一条产品线——玛格丽特河，和牛基因同样来自于日本黑毛和牛，经过多年的培育，牛群中大部分为纯种和牛，基因达到97%以上，是西澳大利亚最大的纯种和牛群。

在西澳大利亚的西南角，土地肥沃、降水稳定、气候温和、阳光温暖，牛群在绵延起伏的牧场中自由散步，由自然滋养。优质的和牛肉既是自然的馈赠也是匠心的守护。公司的饲养理念就是为每头牛提供庇护、饲养和照顾。玛格丽特河的和牛一般会饲养350 ~ 450天，拥有量身定制饲料计划的和牛拥有明显的奶香、黄油香气，大理石花纹程度高，与其他和牛肉相比，胆固醇相对较低。

“我们将对日本和牛艺术的尊重最大限度地延伸到动物生命的每个阶段，并生产出高质量的和牛肉。”饲养和牛确实是一门艺术，需要对文化、动物、环境的爱与尊敬。

相信这两款产品在嫩度、汁水、风味上都可以给最挑剔的食客带来无与伦比的体验，这也是石斧和牛可以蝉联两届总冠军的原因，强烈建议大家近距离体验它。

石斧的菲力牛排

烹饪后的和牛仍旧汁水丰富

不容错过的牛肉美味

海景牛肉：太平洋的风吹出了“氧气感”牛肉

海景牛肉（Ocean Beef）的牛群生活在位于南太平洋一隅的新西兰，依山傍海，南阿尔卑斯山脉雪峰此起彼伏，清澈的湖泊和细软的沙滩陪伴在它们生命的每一个时刻，从而生产出优质的谷饲牛肉。

也因为“遗世独立”的环境，新西兰牛肉一直保持着零事故的纪录。从某种程度上来讲，是新西兰让食客吃得放心，不用担心任何传染病；而海景牛肉又把健康之上的“氧气感”带给大家。

优质的自然环境

有人说“天堂在左，新西兰在右”，素有“长白云之乡”美誉的新西兰拥有丰富茂密的草场、广袤的森林，全年温和的气候能

新西兰牧场环境宜人

海景牛肉

给予牛群舒适、清洁、宁静的生活环境，同时也给了小麦等谷物良好的生长环境。生于太平洋畔的安格斯牛群与自然紧密相连，成长于优质环境的牛才能拥有高质量的肉，海景牛肉天生就带着“氧气”。

严格的生产标准

在生长的前18个月里，牛群一直在新西兰不同的牧场中漫步，但整个过程需要海景牛肉的阶段性审核，以保证在放牧期间，牛的肌肉质量可以处在稳定的标准之上。而后通过严格的质量与安全程序选出的牛，将运往新西兰南岛瓦卡尼海滩附近的育肥场进行谷饲喂养。

由附近的农户提供无转基因的谷饲饮食，工作人员骑着马，每天两次观察牛群的生活和健康情况。

加工厂距离育肥场仅有8千米，最短的距离和最大的运输空间，让牛群的压力减到最小，保证了动物福利和牛肉的质量。

当然，最基础、最核心的还是在整个饲养过程中无生长激素和预防性抗生素，叫人在食用时彻底安心。

自由放养和谷饲相结合可以确保牛肉风味的醇厚与食客喜爱的嫩度同时出现。如果每次吃海景牛肉时都能体会到“氧气”二字，觉得整个世界都是亮晶晶、水汪汪、绿油油、金灿灿，仿佛置身于新西兰牧场，相信你应该很难对这个品牌说“不”。

海景牛肉的菲力牛排

× 加工厂 ×

牛肉加工厂一般包含两个业务板块，一个是屠宰，另一个是加工和包装。因此加工厂在世界各地也有着不同的名称，屠宰场或包装厂。

这些牛肉加工厂大多在政府部门的管控下进行牛肉的分切与生产，并有政府监察稽核过的肉类生产通用程序、操作规范和完整的食品安全系统。

典型的牛肉加工厂从牧场或者育肥场接收完成喂养的活牛，有些加工厂也拥有自己的牧场或者育肥场，所以同一个加工厂会出产不同品牌的牛肉产品。

牛只在加工厂经历从活体动物检查到移除、分切、冷藏屠体和内脏屠宰流程，然后在加工和包装流程中经历等级评定、分割、包装、储存，直至货运到国内外客户手中。

全球四大牛肉加工厂分别为：美国嘉吉公司（Cargill）、泰森食品公司（Tyson Foods）、巴西JBS公司和巴西玛弗里格公司（Marfrig）。

以巴西JBS公司为例，作为全球公认的肉类蛋白领导者，JBS公司已遍布15个国家，拥有150多家工厂，其产品出口到150多个国家和地区。公司的牛肉生产线条完善，在每一环节都做了精密细致的设计和安排，也是巴西牛肉业务市场中唯一一家使用监控设备，100%跟踪动物从牧场运输出来再到屠宰整个过程的加工厂，这保证了整个链条动物福利的保护和规范性，凸显公司对细节的重视。

尽管全球加工厂众多，但满足我国进口资质的加工厂并不多，在以下内容中，将介绍一些满足我国进口资质的牛肉加工厂商。

同一加工厂会承接不同品牌的屠宰、包装业务

203厂：来自澳大利亚的最佳牛肉品牌

澳大利亚牛肉品牌斯坦布洛克（Stanbroke）是集种植、牧场、育肥场、加工厂、贸易于一体的综合性牛肉生产企业，由梅内加佐（Menegazzo）家族拥有和经营，为全球食客提供品质如一、优质美味的牛肉。

斯坦布洛克在澳大利亚昆士兰州北部的海湾地区拥有8块牧场，面积超过1.6万平方千米。这片土地拥有长达150多年的饲养历史，草场肥沃丰厚，未受污染，给牛群提供了良好的生活环境和优质的牧草。

在广阔的养牛场内，牛群可以自由地漫步在天然环境下，以自然生长的牧草为食，与周围环境共生共长。

由牧草养育的牛随后被送往昆士兰南部著名的达令山丘进行育肥，育肥场为牛群提供高品质的谷物饲料和舒适的环境，由受过动物福利培训的牧场工人来饲养，并由合格的兽医来监管，且只使用马匹来驱赶，为牛群营造一个宁静而放松的氛围，以此来达到动物福利的高标准。

斯坦布洛克拥有自己的牛肉加工厂，在华注册厂号为203。在设备的使用、技术、卫生等方面都达到了世界级的标准，为全球超过35个国家提供牛肉产品，旗下品牌包括：

迪亚曼蒂纳（DIAMANTINA）

用于生产此系列牛肉的牛以澳大利亚丛林中的天然牧草和谷物为食。这个系列是澳大利亚最好的牛肉之一，其中包括和牛、安格斯、谷饲/草饲和有机认证的牛肉。国内的餐厅、超市都可以买到。

产直和牛（SANCHOKU WAGYU）

将日本和牛与澳大利亚牛的卓越品质融为一体，现代饲养方式与日本和牛高度一

斯坦布洛克厂进口产品

斯坦布洛克牧场

致，为食客提供黄油风味浓郁、肉质香嫩、带有丰富大理石花纹的品质一贯卓越的牛肉，备受食客喜爱。

签名版黑安格斯（SIGNATURE BLACK ANGUS）

这款特色黑安格斯牛肉产品带有优秀的安格斯牛肉基因，以其出色的质量，稳定的大理石花纹和可口的风味而闻名，出口到世界各地，深受主厨和食客的喜爱。

天然的弗林德斯（FLINDERS NATURAL）

这个品牌的牛大部分时间都是在未受污染的天然牧场上饲养，从未注射过任何抗生素或激素，牛肉风味纯正。这个品牌在国内常见。

奥古斯都（AUGUSTUS）

这个品牌的牛大部分时间都是在天然牧场上饲养，然后再进行谷物饲育，旨在获得一致的纹理和风味。

在2020年澳大利亚达令山丘举办的牛肉品牌比赛中，斯坦布洛克从8个品牌中脱颖而出，获得冠军，过硬的品质使其成为澳洲最佳牛肉品牌的代表。

239厂：澳大利亚最大的肉类合作社

北方肉类合作公司（简称NCMC）位于澳大利亚新南威尔士州的卡西诺，是澳大利亚最大的肉类加工“合作社”，厂号239。

澳大利亚最大的肉类合作社

NCMC经营范围较广，包括：猪肉生产与加工、皮革制造厂、生产废水处理、食品加工、牛肉生产和代加工服务，我们所熟知的杰克溪（Jack’s Creek）牛肉就在239厂代加工。

与其他加工厂不同，自1933年起，NCMC股份100%由当地农民和农户所拥有，这种模式起初会让人诧异，直到探索究竟时，才发现这也是促使其成为澳大利亚最优质的牛肉供应商的重要因素。让农户在自己的土地上拥有参与感，是十分重要的事情。

“合作社”的成立可以说是颠覆了这些农户曾经的经营模式，成员认识到自己的努力可以为“合作社”培养出更优秀的牛种，完善整个加工厂流程，争取更多的利益，消费者自然可以吃到更健康、放心的牛肉产品。

取之成员用之成员

澳大利亚东海岸植被草色苍茫，海岸线似乎没有尽头，视线游走，无法忽视那些成群结队漫步的牛羊群。NCMC就在这里，可以为其轻松获得优质肉牛而感到骄傲。

同时澳大利亚第三大港、澳大利亚发展最快的集装箱港口布里斯班港也在附近，使其可以更好地为客户提供运输。

当我们饶有趣味地了解这些天时地利时，也不能忽视人和的作用。

NCMC为当地的农民和小企业提供培训，也让其拥有了在饲养、运输、育肥、加工等方面的坚实地基。

工厂排出的废水可以用于灌溉附近成员的农场，农场产出的饲料供给牲畜，更多独立的农舍用地也可以用来放牧。

NCMC对动物福利的承诺首屈一指，在饲养阶段，所有的成员都接受了实践性动物福利的培训课程，保持良好的饲养管理规范，在加工方面则获得了澳大利亚畜牧业加工业动物福利认证。

NCMC的加工厂全程都有实验室提供内部测试服务；在外部，NCMC的肉品符合MSA的认证标准和要求，并由澳大利亚政府监督。这里的成员在各自的领域里都变得优秀，也成为NCMC强有力的市场推动力。

在NCMC的带领下，成员们享受其中，也为消费者提供了更优质的牛肉产品，就像NCMC说的那样："我们一起成长"。

杰克溪牛肉

育肥场附近的农场

× CHAPTER 2 ×

解密牛肉

× 牛肉的部位与鉴赏 ×

在餐桌上，牛肉常常作为主角登场，释放出令人回味无穷的滋味。

无论你喜欢细嫩可口、低脂健康、带有丰富大理石花纹的肉，又或者不喜欢太过浓厚的牛肉味道，甚至想要享受啃骨头的乐趣，都可以在牛的身上获得。

很多食客会问："为什么我买的牛肉炖完后特别干柴?""为什么我买的牛排咬不动?"

牛身上远不止我们印象中的牛腩、牛尾和牛腱子，牛肉不同部位的口感和风味各不相同，只有了解到每个部位的特性，才能在烹饪时发挥出牛肉的最大价值，并避免出错。

牛身上可以分为约20块主要分割部位，细化后甚至大于60个部位，而站在美食家的角度，精细划分出来的有价值的肉更是数不胜数。

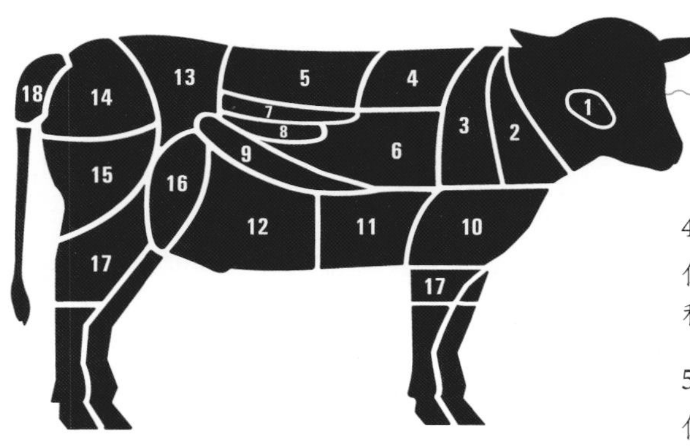

1．脸颊肉 Cheek

位于牛脸两侧，经常用来咀嚼，细筋多，适合慢炖。

2．肩肉 Chuck

位于牛肩靠近脊椎的部位，筋肉交错，支撑头部运动，有大量结缔组织。上脑和上脑边都在这里，适合慢炖或者精细分割后做牛排。

3．肩胛肉 Blade

位于牛肩膀处，由5块不同的肌肉组成，包括被人所熟知的保乐肩、板腱。

4．眼肉 Ribeye Roll

位于牛背部的前段，易形成大理石花纹沉积，多做牛排，肉眼牛排来源于此。

5．外脊 Striploin

位于牛背部中后段，肌肉扎实，风味十足，常用于牛排料理。

6．肋排 Short Ribs

由肋骨、肋条肉、肋骨肉和脂肪组成，带骨肉味道浓郁，慢烤和炖煮都非常好吃。

7．里脊 Tenderloin

一条长、窄、瘦的肌肉，位于腰间，牛身上最嫩的肉，味道较轻，质地细腻，可切菲力牛排，也是T骨牛排的组成部分。

8．厚裙肉 Thick Skirt

连接在牛的最后一根肋骨和靠近肾脏的脊椎上，风味浓郁，质感扎实，适合烧烤。

全球不同产区的分割标准不尽相同，命名也有些许区别，但只要认识这些肉块，在选择时就不会出错。

下文将介绍一些主要分割部位，了解这些部位的属性，才能挑对部位，制作出心仪的美味。

不同的牛肉部位应该如何烹饪？

不管是什么部位，在烹饪这件事情上都没有固定的规则，只不过需要在嫩度、汁水和风味上做一些取舍。

一般建议高等级的牛肉采用较简单、可以体现其本味的烹饪手法；筋膜较多的肉块更适合低温慢煮或者慢烤的方式；如果是瘦肉或肌肉纤维较粗，可以逆纹切丝、片爆炒。

不过也有例外，比如筋膜较多的上脑也可以做牛排，高等级的和牛也会被做成汉堡饼等。主要看食客想要一道什么样的料理，再来选取不同的肉块和处理方式。

9．裙肉 Skirt

位于肋骨和腹壁内侧，肌肉纤维较粗，纹理清晰，风味浓郁，适合高温快速烹饪。

10．前胸 Brisket

位于牛的前胸部，肉质较硬，适合低温慢烤或者低温慢炖。

11．胸腹 Plate

位于牛胸腹中部，脂肪含量较高，常常切薄片做肥牛，用于烧烤、涮火锅等料理。

12．肋腹 Flank

从牛腹部取出的一块肌肉，形状扁平，从这个地方切下来的肉精瘦，几乎没有结缔组织和脂肪，风味浓郁，适合高温烹饪。

13．臀腰肉 Rump

位于臀腰的衔接处，运动量适中，柔嫩度和嚼劲达到平衡，非常适合烧烤或者切成小块爆炒。

14．臀肉 Topside

牛的臀部肌肉，较瘦，脂肪较少，但牛肉味浓郁，一般做加工产品比较多。

15．米龙 Outside

牛后腿外后侧肉块，瘦肉为主，肌肉纤维粗，大米龙、小米龙都来自这个部位。

16．膝圆 Knuckle

也称牛霖，牛后腿的前内侧，内部脂肪少，几乎没有结缔组织，可以慢炖也可以切薄片。

17．牛腱 Shin/Shank

牛的前、后小腿肉，筋肉交错，肉质扎实，适合慢炖。

18．牛尾 Tail

牛尾巴，多个关节连接在一起，味道浓郁，慢炖后口感醇厚、肉质柔嫩。

里脊 Tenderloin

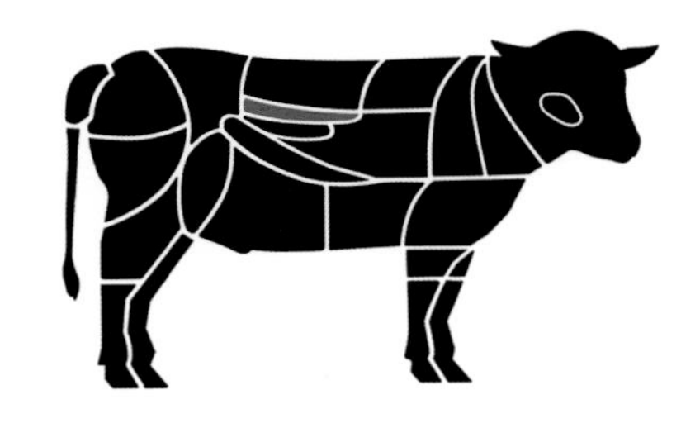

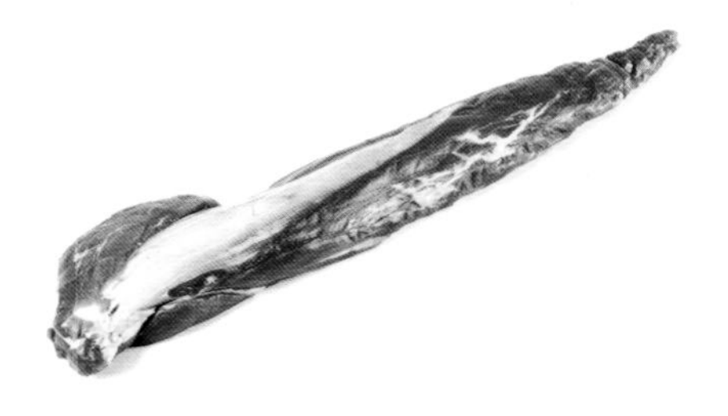

命名

北美分割 里脊肉条（牛柳）Tenderloin

澳洲分割 里脊（牛柳）Tenderloin

特性

嫩度 Tenderness ●●●●●

风味 Flavor ●●○○○

脂肪 Fat ●○○○○

烹饪方法

○快炒 ○煎制 ○烧烤 ○烘烤

和牛里脊切面

什么是里脊

里脊是依附于脊柱的一块长条形肌肉，一端带有一块突出来的侧肌，长在牛的第十三根肋骨到髋骨之间。牛里脊从前到后慢慢加粗，外层有脂肪、筋膜和结缔组织，内里非常瘦，没有做太多运动，所以是牛身上最嫩的肌肉块。没有太多大理石花纹，牛肉风味非常温和，除非是谷饲或者和牛肉才有一些大理石花纹沉积。

如何挑选

里脊被认为是牛肉中最嫩的一块，也是牛身上最贵的部位之一。买时需要注意标签

菲力牛排

上的配料表只有牛肉；切面形状为不规则的圆形；肌肉纤维均匀、细腻，少有脂肪；中段无筋膜穿过。整条里脊是一块肌肉，因此口感和风味差异不大，建议购买整条里脊回家分切，性价比更高。

如何品尝

牛里脊成为食客的最爱主要是由于其令人难以置信的柔嫩质地，而不是浓郁的牛肉风味。里脊绝对是制作生肉片的最佳部位。薄切牛肉（Carpaccio）、鞑靼牛肉（Steak tartare）都是不错的选择。

著名的菲力牛排、惠灵顿牛排、T骨牛排或者红屋牛排也都取自里脊；但是里脊尾端较细，不适合厚切做牛排，可以采用“蝴蝶切”方法增加表面积。如果做牛排，因为够嫩，选择三至五分熟即可，如果熟过了头，肉质会变得干柴。

烤肉也是不错的选择，切成薄片或者色子状，听到烤盘中“滋啦啦”的声音，格外诱人。同样，想要多汁的口感，一定不要烤过头，配上喜爱的调味汁食用即可。

切成片或丝也可以，中餐中的水煮牛肉、杭椒牛柳等菜式，非得用上里脊才能获得食客的青睐。因其肉质细嫩，不论是滑炒、滑熘、软炸，里脊都保证可以让你品尝到一盘口感分明，又嫩又多汁的美味。

肩肉 Chuck

肩肉是牛经常运动到的地方，筋膜交错，肌肉组成复杂，包括上脑、上脑边等相当受欢迎的部位，肌肉较为结实，风味浓郁。

上脑

命名

北美分割 去骨肩胛肉条 Chuck Roll Boneless

澳洲分割 上脑 Chuck Roll

特性

嫩度	Tenderness	●●○○○
风味	Flavor	●●●●○
脂肪	Fat	●●●○○

烹饪方法

○烧烤 ○焖炖 ○煲汤 ○烘烤 ○煎制

什么是上脑

上脑不是脑，也不在牛的头部。上脑在牛的肩颈部位，靠近脊椎。从切面看呈不规则椭圆形，宽的一侧靠近头部，窄的一侧靠近眼肉。这里的肌肉错综复杂，中间贯穿很多筋膜，从这个部位可以品尝到多种牛肉口感，上脑心（Chuck Eye Roll）就来源于此。

如何挑选

上脑可以切出上脑心牛排，也有人会称这块为“穷人的肉眼牛排”。上脑心的尾端紧挨着眼肉部位，根据厚度不同可以切出2片左右具有肉眼牛排外貌特征的切块，嫩度、脂肪分布都极其接近，在购买时需要仔细寻找肌肉结构单一、筋膜少的切块。

如果想做焖炖料理，上脑也是不错的选择，这时可以放弃选择牛排时会考虑的油花、等级因素，而选择带有结缔组织的切块。温度达到70℃后，胶原蛋白会转化为明胶，再加上脂肪还能带给肉湿嫩的质地。

整块上脑买回去，要检查底部是否有骨头碎。

如何品尝

不可否认，菲力、肉眼、西冷通常是牛排爱好者永恒的爱，但上脑切出来的牛排也慢慢受到关注。

上脑心牛排与肉眼牛排类似，只要运用合适的烹饪方法，完全可以风味与柔嫩兼得，诀窍在于：分解。可以在烹饪前观察肌肉组成，然后按照筋膜走向把它拆开再烹饪，这样可以防止加热过程中筋膜收缩变形，无法均匀烹饪；也可以把每一块肌肉按照筋膜走向分区域切开后再吃，这样可以品尝到每一块肌肉的不同口感，也可以避免筋膜和不同方向肌肉同时入口造成的嫩度综合体验变差。

如果做中餐，上脑非常适合慢炖，筋膜软化后变成胶原蛋白，长时间的炖煮非但不会让肉变柴，反而让其肉香融入汤汁当中，土豆、萝卜等配菜也因为吸收了肉味而更受欢迎。

相比而言，上脑牛排的肌肉结构更复杂

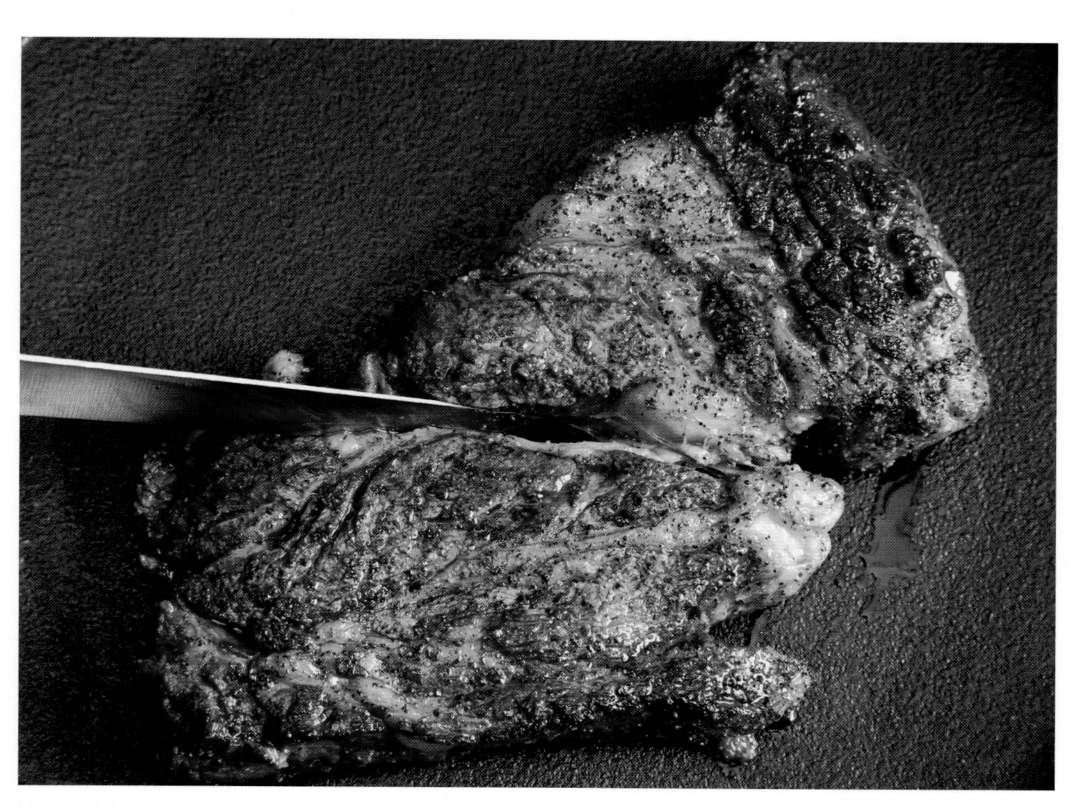

按照筋膜走向分切，品尝不同肌肉块之间的区别

上脑边

命名

北美分割 肩胛翼板肉 Chuck Flap Tail

特性

嫩度 Tenderness ●●●●○

风味 Flavor ●●●●○

脂肪 Fat ●●●●○

烹饪方法

○烧烤 ○焖炖 ○快炒 ○烘烤 ○煎制

什么是上脑边

上脑里还可以分割出一块肉品部位，叫上脑边，形状方正规则，肌肉纤维呈扇形分部，谷饲的大理石花纹较浓密。

如何挑选

在市场和餐厅中，上脑边会被称为翼板肉、羽下肉、霜降肉等，通过分割使其利用率最大化，创造最大的价值。

丹佛牛排

如何品尝

做牛排或者烤肉都可以，可以购买现成的切块。如果是草饲的可以切成薄片来平衡口感，中高端谷饲完全可以做厚切，吃起来多汁又美味。

上脑边被开发为新的牛排——丹佛牛排（Denver Steak），其完全可以满足食客对大理石花纹的需要，不同于其他大理石花纹丰富切块的地方是，它的“牛肉香”更浓郁，很有牧场风情，这也是它的魅力所在。五分熟以下最合适，如果大理石花纹够浓密，也可以适当提高熟度。

作为日韩烧烤的主打部位之一，大理石花纹密布的上脑边可以充分带来肉香和汁水，厚切的体验最棒，大火把肉的两面烤至微焦，脂肪化开，香气钻进肉中，三至五分熟就可以了。

肩胛肉 Blade

肩胛肉位于牛的上臂处，由于经常运动，口感相当丰富，包括板腱、保乐肩、嫩肩肉等。

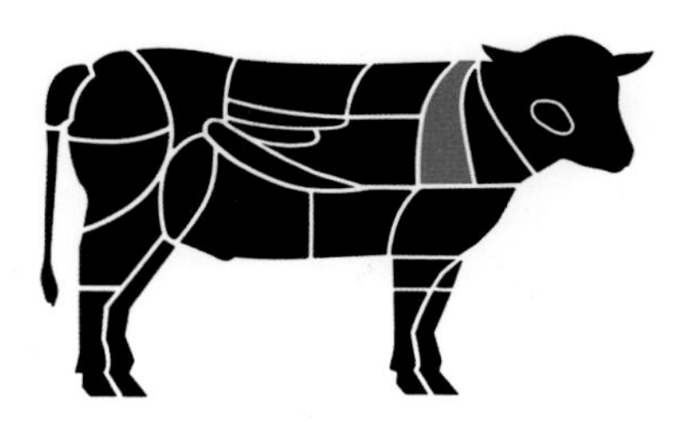

板腱

命名

北美分割 上肩胛脊底肉 Chuck Top Blade

澳洲分割 牡蛎肉 Oyster Blade

特性

嫩度 Tenderness ●●●●○

风味 Flavor ●●●●○

脂肪 Fat ●●●○○

烹饪方式

○煎制 ○烧烤 ○烘烤 ○焖炖 ○煲汤

什么是板腱

板腱又叫牡蛎肉，位于牛肩胛的内部，紧挨肩胛骨。不规则长方形肉块，外层有筋膜。粗的一端筋肉较复杂，越往细的一端筋变细，从切面看，横向中间只有一条明显的筋膜穿过，筋膜两侧的肌肉实际为牛身上第二嫩的肌肉块，大理石花纹分布均匀，十分美味。

如何挑选

如果想选择整块板腱，摸摸肉的头尾，一定要挑选筋膜薄，筋不要太厚的切块。如果想吃牛排，板腱牛排（Top Blade Steak）和平铁牛排（Flat Iron Steak）都取自这里，只是处理方式不同，对口感也有影响。板腱牛排一般精修后直接垂直肉的纹理切割，想体验中间的肉筋，又想在咀嚼时增添一些丰富度，可以选择板腱牛排。

清理表层的筋膜，从中间筋膜处横向剖开，去除筋膜，只留下里面的肉，就是平铁牛排了。如果不想让肉筋影响嫩度，可以直接选择平铁牛排。

如何品尝

板腱无论是切成牛排还是切成肉片烧烤，又或者切块炖煮都不错。

与其苦恼菲力牛排风味太温和，不如尝试下平铁牛排，筋膜被剔除后，就可以获得柔嫩又不乏牛肉风味的牛排。

板腱也可以用于烧烤、铁板烧等，利用板腱漂亮的切面，垂直于肌肉纹路切割，热源的温度让中间的肉筋尽量软化，肉筋富有弹性，口感层次丰富。

板腱窄的一侧肌肉组成简单，切面有一条细筋穿过

板腱粗的一侧肌肉组成较复杂

保乐肩

命名

北美分割 上肩胛肉心 Shoulder Clod Heart

澳洲分割 保乐肩肉 Bolar Blade

特性

嫩度 Tenderness ●●○○○

风味 Flavor ●●●●○

脂肪 Fat ●●○○○

烹饪方式

○烧烤 ○焖炖 ○烘烤 ○煲汤

什么是保乐肩

保乐肩是牛肩胛上的一个大部位肉，形状像一个不规则三角形的栗子，外层覆盖筋膜。由于经常运动，肌肉纤维发达，肉质较硬，口感上不会那么软嫩，但风味十分浓郁。

保乐肩切薄片用于寿喜烧

如何挑选

在国内这个部位常常用作各种加工品，比如用于涮煮的和牛保乐肩薄片，分切成小块的烧肉块；普通等级的切块则可以买回来切丝或者切片，高温快炒。

在零售市场很难见到一整个保乐肩，大部分会用作深加工产品。

如何品尝

深加工食品很难让人区分是哪个部位肉，即使用了保乐肩，我们也不知道。但和牛的保乐肩是可以在零售市场买到的，剔除表面和肌肉间的筋膜，带有浓密大理石花纹的保乐肩也相当漂亮，作为一般烧肉用，垂直纤维切成片，咬下去是扎实的口感和强烈的肉味；切成大片涮煮，不论口感还是风味都属上乘。

肩胛里脊

命名

北美分割 肩膀里脊 Shoulder Clod Tender

特性

嫩度 Tenderness ●●●●●

风味 Flavor ●●●●○

脂肪 Fat ●●○○○

烹饪方式

○烧烤 ○快炒 ○烘烤

什么是肩胛里脊

肩胛里脊在牛的肩胛位置，取自板腱附近，也被称为大圆肌（Teres Major）、小牛肩柳（Petite Tender），是一块非常“新”的部位，在国内市场上很少见，不为人熟知。

如何挑选

肩胛里脊是一条细且瘦的肌肉条，中间粗、两边细，修剪掉外层的脂肪和筋膜就拥有肩胛肉的风味特性，但口感却非常软嫩，处理方法得当，可与里脊相提并论。一头牛拥有两条肩胛里脊，每条约340克，是小且珍贵的部位，值得一试。

如何品尝

这个部位在西餐中被称为“主厨的秘密牛排切块（Chef Secret Steak Cut）”，当作“迷你菲力”食用时，三分熟刚刚好，五分熟会有一些干柴；中间形状规整的部位做牛排，两侧细尖的部位还可以切成丝或者薄片做中式快炒。

嫩肩肉

命名

北美分割 肩胛里脊 Chuck Tender

澳洲分割 嫩肩肉 Chuck Tender

特性

嫩度 Tenderness ●●○○○

风味 Flavor ●●●●○

脂肪 Fat ●●○○○

烹饪方法

○快炒 ○烧烤 ○焖炖 ○烘烤

什么是嫩肩肉

嫩肩肉表面覆盖脂肪和筋膜，剔除后可以看到长条、圆锥形状的肌肉，切面近似圆形，肉内一半的长度有筋膜贯穿，肉质纤维粗，比较瘦，和里脊有几分相似。

如何挑选

嫩肩肉在国内还有几个叫法，辣椒条、黄瓜条、嫩肩里脊等，下次再看到这几个名字可以对比下肉的形状，看看是否是嫩肩肉。另外，虽然叫嫩肩肉，但它并没有里脊那么嫩，比较适合高温快烹或者低温慢煮的处理方式。

如何品尝

嫩肩肉适合切片或者切丝高温快速烹饪。比如配上杭椒和麻椒小炒，简直是下饭神器；或者切成条，用淀粉、盐、辣椒、孜然粉腌制后油炸，做成小零食。

当使用长时间低温慢炖的做法时，肌肉纤维扎实并有筋膜牵制，在炖煮过程中不易松散，牛肉味浓郁。

和牛嫩肩肉综合口感很嫩，把影响口感的筋膜剔除，再逆纹切成薄片；或将有筋膜的地方划入刀痕，断筋后就可以享受到来自肩部瘦肉块的清爽风味和平衡质感的魅力。

嫩肩肉切成薄片，用来炖煮口感独特，风味浓郁

眼肉 Ribeye Roll

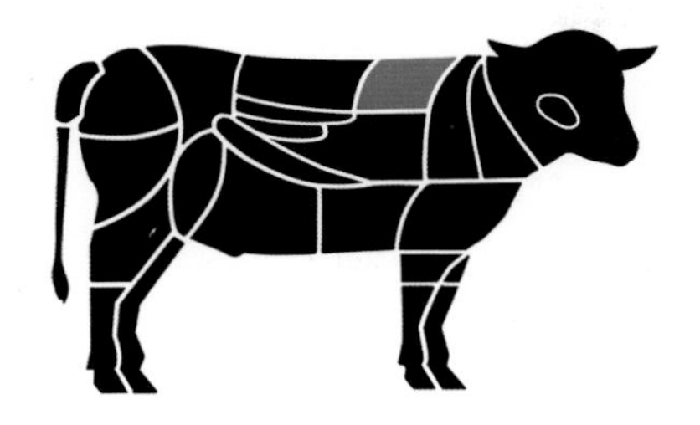

命名

北美分割 肋眼肉条（肉眼）Ribeye Roll

澳洲分割 眼肉心 Cube Roll

特性

嫩度 Tenderness ●●●●○

风味 Flavor ●●●●○

脂肪 Fat ●●●●○

烹饪方式

○煎制 ○烘烤 ○烧烤 ○快炒 ○焖炖

什么是眼肉

眼肉位于牛背部的前端，夹在脊骨和肋骨之间，前接牛上脑，后接牛外脊。

整块肉呈不规则的椭圆形，上层覆盖脂肪。眼肉的重要组成部分是牛背部的背最长肌，运动量小，肉质较为软嫩；同时，这个部位容易产生肌间脂肪沉积，形成十分漂亮的大理石花纹，给牛肉增添脂肪风味和汁水。

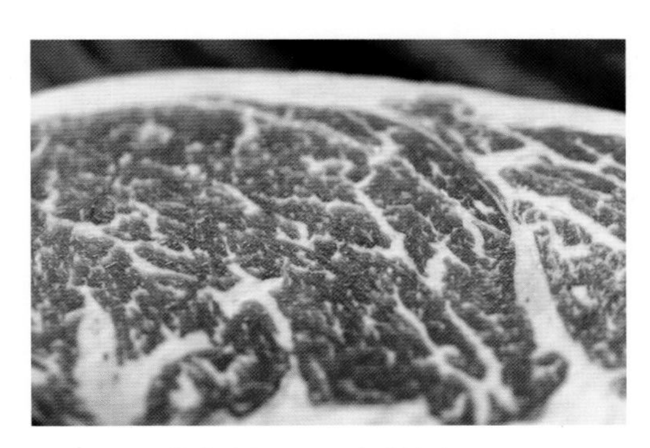

眼肉大理石花纹分布均匀，十分美味

如何挑选

在线下市场上比较常见的是眼肉的牛排形态，去骨的一般叫作肉眼牛排（Ribeye Steak），带骨的根据肋骨长短分为带骨肉眼牛排（Bone-in Ribeye Steak）和战斧牛排（Tomahawk Steak）。可以根据喜好选择是否带骨。

眼肉容易产生大理石花纹，如果喜欢脂肪香气，可以选择高等级；如果喜欢较瘦的，可以选择谷饲天数100天或者草饲产品。

整块眼肉沿中间脂肪带一分为二，分别是眼肉盖和眼肉心，在国内这种分割方法不常见，多用于和牛烧肉片的分割，可以在日

右上侧肌肉为眼肉盖，左下侧肌肉为眼肉心

式烧肉店中品尝。

如果特别喜欢吃牛肉火锅，切割整片眼肉也是不错的选择。

眼肉的售价在牛肉部位中名列前茅，不用对它的价格产生怀疑，毕竟它的鲜嫩多汁值得如此多的花费。

营养方面，眼肉和大部分牛肉一样，可以提供丰富的蛋白质、B族维生素以及包括硒、磷和锌在内的矿物质。

如何品尝

肥瘦交织的口感让眼肉彻底告别瘦肉的无味和肥肉的油腻，一口咬在嘴里汁水爆出。大部分等级的眼肉都可以选择三至五分熟，如果是和牛，可以选择提高熟度，甚至到全熟，也还是能品尝到肉质的柔嫩和脂肪的香气。

眼肉切出的牛排在后续的内容会有详细介绍。无论带骨还是去骨，都建议可以沿着中间的油脂带分开品尝，这样可以品尝到不同口感。

如果是一大块眼肉，不论是否带骨都可以用来直接烘烤。解冻后切出想要的大小，用食品级绳子捆紧，在烹饪的前一晚可以将肉放在冰箱保鲜层，使表面变干，在烘烤时肉皮不黑不焦，油润发亮的棕褐色让人充满食欲。

眼肉也可以做牛排沙拉，但不要选择大理石花纹太丰富的切块，草饲眼肉就完全可以驾驭。一口牛排一口蔬菜，牛排的油脂被蔬菜的清爽解除，不寡淡也不油腻，非常适合减脂人群。

你还可以把眼肉切碎，倒进模具里制成香肠，或者捏成小丸子，不需要特殊的技巧，非常轻松地就可以制作出早餐的配菜。因为脂肪比例好，肉质柔嫩，做成牛肉碎几乎无可挑剔，毕竟选用牛身上最好的部位来做加工是有点奢侈的。

和牛眼肉不仅看上去就十分可口，分切也异常简单。割除表面多余的脂肪，可以分切出厚切牛排片或者稍有厚度的烧肉切片，厚度可以让脂肪的鲜甜滋味在口中迅速扩散开来。

如果切薄片，不论是用于寿喜烧、涮涮锅的大片，还是手工分切为烧肉小片，快速地将肉涮煮或者炙烤，再配合一些酱汁提味，都能让食客迅速享受到牛肉的鲜美滋味。

眼肉牛排沙拉

眼肉分割的烧肉块

外脊 Striploin

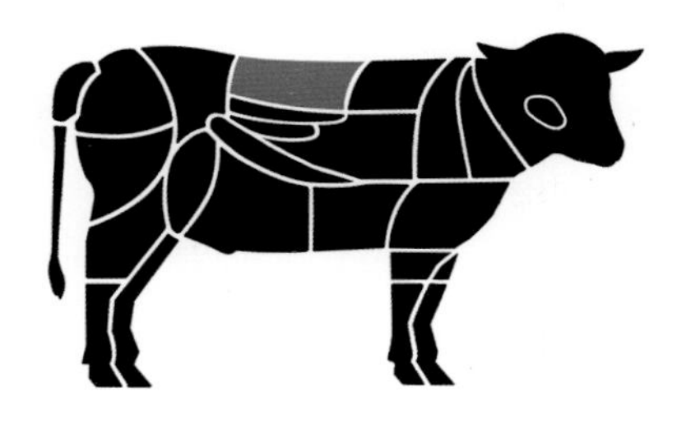

命名

北美分割 前腰脊肉（西冷）Strip Loin

澳洲分割 外脊（西冷）Striploin

特性

嫩度 Tenderness ●●●○○

风味 Flavor ●●●○○

脂肪 Fat ●●●○○

烹饪方式

○煎制 ○烧烤 ○烘烤 ○快炒 ○炖煮

什么是外脊

牛外脊在国内经常被称为西冷，是牛背部中后端的一块肌肉，来自牛的腰脊，与眼肉位于同一肌肉群。牛外脊沿着切面看是一个不规则的椭圆形，一面宽、一面窄，脂肪和肉筋下是带有不同程度大理石花纹的瘦肉。紧贴脊柱，运动量比眼肉多，嫩度稍逊色，但肉质更扎实，风味也更突出。

如何挑选

牛外脊是最受欢迎的牛肉切块之一，鲜嫩多汁，肥瘦相间，给食客增添了很多咀嚼和品味的乐趣。

在挑选时，食客通常更在意其美味而不是它的名字，但“Sirloin Steak”这个英文名在某些时刻可能会给你在认知、选购、点餐时造成一些混乱。“西冷牛排”一看就是从Sirloin这个英文单词音译而来，在中国、英国、澳大利亚，点一块“Sirloin Steak”可能就是我们想要的西冷，来自牛外脊；但在美国，“Sirloin”这个词更多是指牛臀腰肉，更靠近臀肉的位置，巴西烧烤中最有名气的臀尖（Picanha）就来源于此；臀腰肉牛排，英文为Top Sirloin Steak，一直也是比较受欢迎的牛排切块之一，跟我们说的西冷牛排完全不是一回事，在购买时需要注意。

如何品尝

牛外脊相对较瘦，肉质扎实，嚼劲和风味让它备受赞誉，烧、烤、炒、煎都没问题。通常，最流行的、味道最值得称赞的、最被人追捧的方式还是做成牛排。西冷牛排或者T骨牛排、红屋牛排都因其肌肉质感、油脂、肉筋、风味的极佳平衡而成为牛排馆和高级餐厅的最爱。足够嫩的肉质加上恰到好处的肉筋，软中带韧的感觉让人意犹未尽，欲罢不能。

建议煎烤时，为了使肉筋能够软化，把熟度控制在五至七分熟，太熟肉会变得干柴，过于生嫩一侧边的肉筋会影响综合口感。

如果买了整块牛外脊，在打开包装袋时需要用手触摸肉块底部，检查是否有骨头碎片。可以将它直接切成大块，香料腌制，用捆肉绳将其绑好固定，这样可以保持肉的形状，以及在之后的醒肉过程中让肉的汁水分配更均匀。

和牛的外脊大理石花纹分布漂亮，去除外部的脂肪，再将较硬的筋剔除，若是切薄片，煎烤时，待表面的油脂微微溢出即可翻面；若是厚切，先将肉片在烤盘或烤网上轻轻翻动，待油脂沁润烤盘或烤网，再煎烤到想要的熟度即可，可以品尝到肌肉纤维略脆的口感与和牛肉的甘香。

西冷牛排

外脊精修后制作烧肉

肋排 Short Ribs

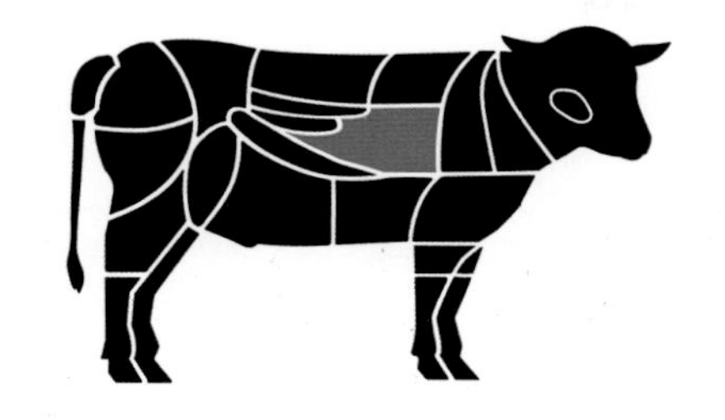

命名

北美分割 牛肋骨 Short Rib

澳洲分割 肋排 Short Ribs

特性

嫩度 Tenderness ●●○○○

风味 Flavor ●●●●●

脂肪 Fat ●●●●●

烹饪方式

○煎制 ○烧烤 ○烘烤 ○快炒 ○焖炖

什么是肋排

肋排位于牛背部的两端，比较容易沉积大理石花纹，风味较浓郁，肉质扎实，主要包括牛仔骨、牛小排、牛肋条等，是日韩式烧肉中必点的部位。

肋排从广义上来讲可以理解为“牛排骨”，取自牛脊背肉下、牛肩肉后的部分排骨部位。

牛仔骨

根据不同的需求，确定肋骨数目和分割位置，由肋骨、肋条肉、肋骨上面覆盖的肉组成。肋排上覆盖脂肪和筋膜；肋骨底部筋膜较厚，隔离内脏。

肋排的第5～8根肋骨会被切为大家熟知的牛仔骨，这里的脂肪和骨骼比例最好，由下面的肋骨和上面覆盖的牛肉组成。

从商超买到的牛仔骨是与肋骨垂直切片的牛肉，常见的是三根肋骨穿插其中。

如何挑选

无论买什么样的切块，都要保证肋排肉色成新鲜的红色，大理石花纹斑点分布均匀，包装袋内血水较少。按压检查肉质是否坚实，肉是否自然紧密地附着骨头，同时要考虑到骨头所占的重量，如果胃口较大，就要多买一点儿。

挑选骨头宽且扁的形状，与肩胛小排

（三角肩肉Chuck Rib Meat）和胸肋排（Brisket Rib Plate）稍做区别。肩胛小排和胸肋排分别取自第1～5根肋骨或者肋骨的末端，肉质和口感不及肋排，大理石花纹不够丰富，表层脂肪较厚，肋骨的切面较小。

如何品尝

韩式烤牛肉中拥趸最多的当数牛仔骨，提前腌制是韩式烤牛仔骨的“灵魂”。牛仔骨中放一些韩式烧酒和蜂蜜激发香气，再用生抽调味并增添红润光亮的颜色。按照韩式正宗的腌制手法可以加一些苹果和梨，使得牛肉更清甜，带有果肉香气；自己在家也可以按照喜好加入韩式烧烤酱或者黑椒汁腌制。

“硬菜”和家常炖煮料理肋排也都适用。草饲肋排肉质更扎实，牛肉风味浓郁，可以长时间小火焖炖；如果是谷饲，口感相对软嫩，可以把烹饪时间缩短。

牛肋骨

牛小排

命名

北美分割 去骨牛小排 Short Rib Boneless

澳洲分割 短肋肉 Short Rib Meat

特性

嫩度 Tenderness ●●○○○

风味 Flavor ●●●●●

脂肪 Fat ●●●●●

烹饪方法

○煎制 ○烧烤 ○烘烤 ○快炒

什么是牛小排

牛肋排第5～8根肋骨，去除肋骨，留下上面覆盖的牛肉，就是牛小排。

这个部位肌肉和脂肪相辅相成，上层包裹一层油脂和筋膜，切面大理石花纹丰富，常常超过等级评定，含有细筋，单片较薄，因此分切后为细长条。

如何挑选

这个部位由于大理石花纹丰富，受到食

客喜爱，常常被用作牛排或者烧烤。

如果是牛排，尽量挑选形状整齐、方正的，比较好烹饪，这样的切块肌肉和脂肪的分布相对平衡，食用时不会造成浪费。

由于牛小排整片较薄，加工厂会将两片贴合在一起包装，零售商在分切时也会把两片包装在一起，中间有明显的油脂边，解冻后或者烹饪时可能会分开。

整块购买比较划算，油脂越厚损耗越多，挑选脂肪薄的可以减少浪费。修剪下来的油脂可以熬牛油或者放进牛肉馅中。

单片分切后的牛小排较窄

两片牛小排贴合在一起

如何品尝

牛小排最大的特点就是有超出本身等级的大理石花纹，但并不代表足够嫩，其实中间还有一些细筋，嚼起来口感比较扎实。

如果是谷饲厚切牛小排，建议七分熟及以上，这个熟度可以让细筋软化，化开的脂肪可以渗进肌肉中，补充汁水；如果熟度太低，细筋未软化，就会有一种嚼不烂的感觉，而没有充分化开的脂肪就好像咬了一口生的油脂，会比较腻，让人无法体会脂肪加热后的香气。

牛小排即使煎至全熟也十分美味，新手也可以轻松制作。

烤过的牛小排汁水十足

大理石花纹越多，牛肉越好吃吗？

大理石花纹也就是我们说的油花，是牛肉评级的重要标准之一，也确实优化了肉的口感和风味，但影响牛肉食用品质的因素还包括牛的品种、年龄、胴体质量、加工处理方式等，不能只把大理石花纹作为衡量一块牛肉是否好吃的唯一标准。

裙肉 Skirt

牛裙肉、裙子牛排、薄裙、厚裙、内裙、外裙……作为食客，有时候真的分不清。其实，没有那么复杂，就只有三块肉而已。它们分别是内裙肉、外裙肉（薄裙肉）、厚裙肉（封门柳/牛肝连），其中内外裙比较容易混淆。

内裙肉

命名

北美分割 内侧腹横肌 Inside Skirt

澳洲分割 内裙肉 Inside Skirt

特性

嫩度 Tenderness ●●●○○

风味 Flavor ●●●●○

脂肪 Fat ●●●○○

烹饪方式

○煎制 ○烧烤 ○烘烤 ○快炒

什么是内裙肉

牛的内侧腹横肌，在后躯体，位于腰腹壁内侧，更接近牛腹部，向前延伸至后胸肉。整块肉为不规则的长条矩形，外层有薄膜，肌肉纤维明显且松散，肉薄，脂肪较少，肌肉纤维横向分布。

外裙肉

命名

北美分割 外侧腹横肌 Outside Skirt

澳洲分割 薄裙肉 Thin Skirt

特性

嫩度 Tenderness ●●●○○

风味 Flavor ●●●●○

脂肪 Fat ●●●●○

烹饪方式

○煎制 ○烧烤 ○烘烤 ○快炒

什么是外裙肉

外裙肉，也叫薄裙肉。牛的外侧腹横肌，位于胸腹处的肋骨内侧，从前胸的末端（第6根肋骨底部）向上延伸到腰骨处（第12根肋骨上部），呈对角线分布。整块肉为不规则的细条矩形，表面包裹白色筋膜，肌肉纤维粗，肌肉内夹有脂肪，可以看出肉纤维的分界，质地松散。

从外观来讲，内、外裙肉虽然很像，但相比较而言，内裙更宽，宽12～18厘米，厚0.5～1厘米；外裙肉长且窄，宽7～10厘米，厚1～2.5厘米。

蓝色：外裙肉
红色：内裙肉

厚裙肉

命名

北美分割 牛横膈肌 Hanging Tender

澳洲分割 厚裙肉 Thick Skirt

特性

嫩度 Tenderness ●●●○○

风味 Flavor ●●●●●

脂肪 Fat ●●○○○

烹饪方式

○煎制 ○烧烤 ○烘烤 ○快炒 ○焖炖

什么是厚裙肉

厚裙肉又叫封门柳、牛肝连。牛内脏前面的一块肉，与第12、13根肋骨之间的腰椎相连、悬挂。整块肉为不规则椭圆形，外层部分有筋膜包裹，中间有条明显的白色肉筋把肌肉分开，带有明显的肌肉纹理，脂肪较少。

如何挑选

这三种裙肉在商超比较少见，一头牛只有两条内裙肉、两条外裙肉，一块厚裙肉，所以往往被忽略，它们价格不高，但性价比非常有竞争力。

一般买到的切块已经去除了外层筋膜和侧边的脂肪，便于制作和食用。

我们熟知的裙子牛排/裙排（Skirt Steak），

多采用外裙肉；横膈膜中心肉牛排（Hanger Steak）则选用厚裙肉。但如果粗略划分，这三块肉还有一个我们并不陌生的名字——横膈膜（Harami），它们是日式烧肉中很有代表性的切块。

如何品尝

这三块裙肉都拥有丰富的牛肉风味，比大部分肉块浓郁很多，相比之下，厚裙肉的风味比内外裙更强。

裙肉质地一般都比较松散，以瘦肉为主，吃起来可以感受到肌肉纤维，但在嫩度上绝对有“意想不到”的感觉，令人难忘。有句话来比拟裙肉的嫩度：外裙是肉眼牛排，内裙是西冷牛排。在综合的食用体验上，外裙肉要比内裙肉更嫩一些。

三块肉一般多用于高温快速烹饪，比如烧烤。为了能有更好的口感，肌肉会被切成厚片，配合口味较浓郁的酱汁食用。

在日式烧肉中，内外裙会选用一种经典的花刀切法。在肉的表面斜向切入，再到背面垂直划入，让肉可以在连贯的状态下延长且不会破碎，多出近40厘米的长度，极具吸引力，也可以让酱汁更好地裹在肉上。

这种非同一般的肉块从一开始就可以吸引住食客的目光，把肉从盛满酱汁的容器中拿出，放在烤盘上烤制，待肉表面微微染上焦黄色，淋上酱汁，炉子里的烟还可以给肉染上烟熏香气。

这三个部位中还有一个隐形的珍品——厚裙肉中的白色肉筋。这块肉筋，一头牛中只有一块，为了获得富有弹性的口感并容易咀嚼，老饕会在肉筋上划上刀痕，作为烧烤食材。

无论用何种方式食用，还有几条能让裙肉变得更好吃的小建议：

提前腌制

内裙、外裙牛排较薄，表面积较大，肌肉纤维松散，有很多类似百褶裙一样的缝隙，在腌制时有利于腌料更好地渗入。

高温煎烤

内裙、外裙肉较薄，用大火高温煎烤可以将肉汁锁在肉中，保证内部柔嫩多汁的同时，外部形成焦香的棕色外壳。

三至五分熟

这三种肉大部分都比较瘦，肌肉纤维较粗，中心温度至少要55℃才可以让肌肉松弛，进而嫩化，但熟度太高，会难以咀嚼；如果是和牛，肌肉纤维束中有大量脂肪，可以在烹饪时适当提高熟度，脂肪可以帮助牛肉保持湿润。

逆纹切薄片

醒肉后，看清楚肌肉纤维的走向，先顺着纹路切成较短的块，然后再逆纹切片，把嫩度发挥到最大。

提前腌制

在切法上做出一些变化

臀腰肉 Rump

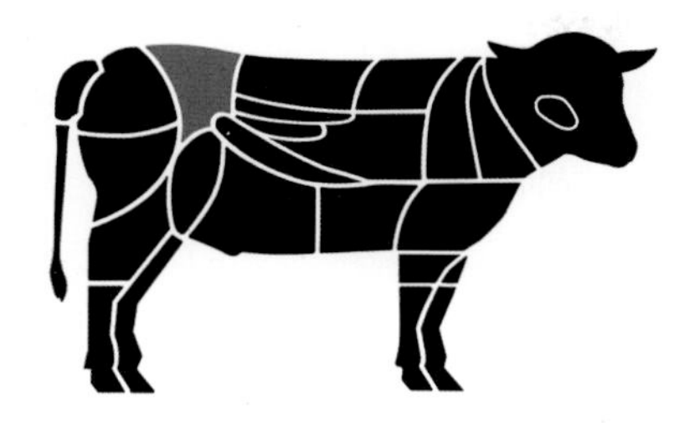

命名

北美分割 上后腰脊肉 Top Sirloin Butt

澳洲分割 臀腰肉 Rump

特性

嫩度 Tenderness ●●●○○

风味 Flavor ●●●●○

脂肪 Fat ●●●○○

烹饪方式

○煎制 ○烧烤 ○烘烤 ○快炒 ○焖炖

什么是臀腰肉

臀腰肉，顾名思义就是牛臀和牛腰之间的一个分块部位，夹在西冷和牛臀肉之间，连接牛外脊和后腿。整块肉是形状不规则的椭圆形，上层覆盖脂肪，整体偏瘦。很多人熟悉的臀腰肉盖就来自这里。

臀腰肉盖（Rump Cap）位于臀腰肉的顶部，上层为脂肪，下层为肌肉，侧切面形状类似西冷牛排，呈不规则椭圆形，有“小西冷”牛排之称，因为整块臀腰肉盖为三角形，所以切面会越切越小。同时，臀腰肉盖也是谷饲肉中大理石花纹表现最好的切块，经典巴西烤肉烤臀尖（Picanha）用的就是这块。

臀腰肉盖

位于臀腰肉盖下的不规则圆形肉块就是臀腰肉心（Eye Rump），由臀肉心眼（Eye Rump Centre）和侧臀肉眼（Eye Rump Side）组成，较瘦，但肌纤维纹理较细。

如何挑选

这个部位在线上线下商店都很少见，可见这块肉还没有走上普通家庭的餐桌。在国内牛排馆也较少见到，少数日韩式烧肉店会使用。实际上这块肉的利用率很高，因其嫩

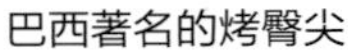
巴西著名的烤臀尖

臀腰肉盖牛排

炒牛肉

度、油脂和价格都处于中等，比较适合家庭烹饪，牛排、烧烤、火锅片、炖肉都适用。

臀腰肉盖侧边的脂肪层、肌间脂肪和瘦肉可以带来丰富的汁水和香气，嫩度适中，略有嚼劲，如果想吃牛排或者烧烤，选择这个部位绝对没错。

单独购买臀腰肉盖要检查切面的高度，过高可能连带了下方其他肌肉块，臀腰肉盖的价格要高于臀腰肉心，用肉盖的价格买了肉心就不合适了；其次可能上方预留了多余的脂肪层，在烹饪时，也会修剪掉，造成浪费。好的臀腰肉盖不会太大。

如果想制作性价比较高的低脂健身餐、家庭小炒或日常炖煮，臀腰肉心是不错的选择。低脂、高蛋白，大理石花纹少，不肥腻，最好选择精修过，去除筋膜和结缔组织的肉块，吃起来虽没有里脊嫩，但价格实惠，掌握好熟度，就能获得香而不柴的口感。

如何品尝

将臀腰肉盖切成长条，弯成月牙形状，穿在烤肉叉上，外层的油脂包裹里面的瘦肉，油脂在烤制时顺着纤维进入肉中，加一点粗盐，体会味道与口感的交织。

如果在家烹饪，切片进行烧烤或者煎制不失为一种好方法。先把肉整块撒满粗盐和黑胡椒，锅热后先煎油脂一侧，形成焦黄的脆皮，翻面继续煎，瘦肉沾上锅里的油脂，香气扑面而来，煎至想要的熟度后即可出锅。

来自臀腰部位的肉纵使有少量大理石花纹，也很难达到眼肉或者西冷的嫩度，因此熟度一定不要过头，才能得到弹脆的口感和丰富的汁水。

说到牛排，臀腰肉还可以切出更多的品类。比如上臀腰肉排（Top Sirloin Steak），由臀腰肉盖和臀腰肉心两个部位修整后分切；三角肉精修为三角肉排（Tri-tip Steak）。这两块牛排都是三到五分熟最好，瘦肉紧致不柴，略带嚼劲，深度还原牛肉本身的味道。

如果做中餐，臀腰肉心可谓煎炒烹炸，样样精通。去除臀腰肉心多余筋膜，修整干净，焯水后放入卤味调料增香，比卤牛腱更嫩。如果高温快炒，适合逆纹切片或者切丝，放小苏打使肉变嫩，防止肉变得干柴。

牛臀腰肉在食客眼中也许很难成为心中第一喜好。被问及最爱吃的牛肉部位时，一般大家都会回答眼肉、里脊、牛腩、牛腱这些热门切块。但汪曾祺写过：“一个人的口味要宽一点，杂一些。”如果不吃上一次，还真的很难发现这颗牛肉中的“遗珠”。

胸腹 Plate

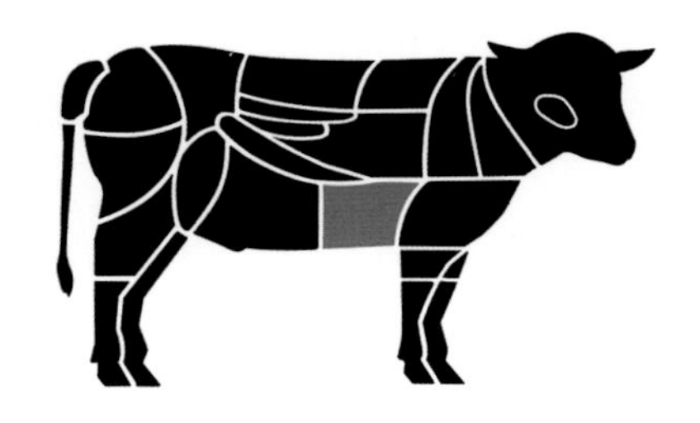

命名

北美分割 胸腹（肥牛） Short Plate

澳洲分割 后胸 Brisket Navel End

特性

嫩度 Tenderness ●○○○○

风味 Flavor ●●●●○

脂肪 Fat ●●●○○

烹饪方式

○焖炖 ○烘烤 ○快炒 ○烧烤

什么是胸腹

在北美的分割方式中，把牛的整个胸部和腹部部位分为前胸（Brisket）、胸腹（Plate）和肋腹（Flank）。我们在这里说的是胸腹，也就是后胸，位于牛肋骨侧边的正下方，处于整个胸腹部位的中间，形状整齐，肥瘦比例均匀，中间含有一些细筋，切面较好看，尽管肌肉纤维没有那么细腻，但切成薄片能使口感变嫩很多，牛肉风味十足，也是最被大众所接受的肥牛。

相比较而言，前胸运动量较大，形状不规则，纤维较粗，带有结缔组织，口感略有嚼劲，拥有大块脂肪。整块的前胸肉在零售市场比较少见。分切后，由于肌肉扎实、带有油脂，可以用作炖煮，或者切薄片做涮肉。

肋腹肉排，也叫牛腩排，形状扁平，瘦肉居多，肌肉纤维较粗，同样带嚼劲，脂肪稍逊色，还有一些筋膜穿插其中，有丰富的牛肉风味。在国外，这个部位是牛排类的热门切块，可以直接烧烤，也可以切片做牛排沙拉，但在国内极其少见。

牛前胸

肋腹肉排

如何挑选

胸腹肉肥瘦分明，肌肉纤维密实，通常被称为“牛五花”或者“雪花肥牛”，一般会切薄片做火锅、牛肉饭、烧烤等，其中利用率最高的当属火锅用的肥牛。在国内，肥牛都是冷冻的、被刨成薄片、肥瘦相间、下锅就变小的“肥牛卷”。这种肥牛常常以两种方式存在：原切和拼接。

原切肥牛，不是单指某一个牛肉部位。肥牛“肥瘦相间”的形象早已深入人心，而这个商业化的切割形式在牛的很多部位都可以实现，最经典的部位是牛胸腹肉。有少部分“原切肥牛”还会选用上脑、肩胛小排、眼肉盖、外脊等部位来制作。

但其实，我们吃到的往往都是拼接肥牛，拼接肥牛还可以分肥牛1号、肥牛2号、肥牛3号、肥牛4号等，大部分脱离了原切肉的属性，通过人工的帮助，将牛肉、牛碎肉、牛油和一些食品添加剂组合起来，压制成肥牛砖。这种拼接起来再刨成片的肥牛，甚至已然成为市场主流。当然，就像拼接牛排一样，在符合食品安全标准的前提下，拼接肥牛也是可以吃的。

判断肥牛到底是不是原切，看看配料表是否只有牛肉，或者零售商的商品名便能略知一二，比如“澳洲进口安格斯谷饲原切肥牛卷”“美国（品牌）（厂号）谷饲进口肥牛卷”，写明国家、品牌、厂号的基本都是原切。

在外形上，虽然拼接与原切颇有相似之处，都是肥瘦相间，但因为是拼接、压成方砖、使用碎肉和食品添加剂等原因，拼接肥牛的肥瘦线条非常有规律，每一片长得都很像，而且整片为规则长方形，颜色较浅，肌肉纤维较短。

口感上，原切肥牛吃起来有明显的肌肉咀嚼感，而拼接肥牛入口嫩、弹，要么久煮不变形，要么则较易化开。

如何品尝

肥牛一词的来源不得而知，但这个名字之所以被大家记住就在于“好吃”。在各种火锅中与大家邂逅，肥牛表面沾满油亮的汤汁，搭配精心调制的蘸料，迎着热气将整片放在嘴里，每位食客心中都会充满了满足感。

还有酸汤肥牛、番茄肥牛、葱爆肥牛、肥牛金针菇、日式寿喜烧、牛肉饭……一片小小的肥牛可以有这么多吃法，怪不得可以成为佐餐挚爱。

原切肥牛

具有一定厚度的原切肥牛，涮好后肉质仍旧扎实

牛肉饭

臀肉 Topside

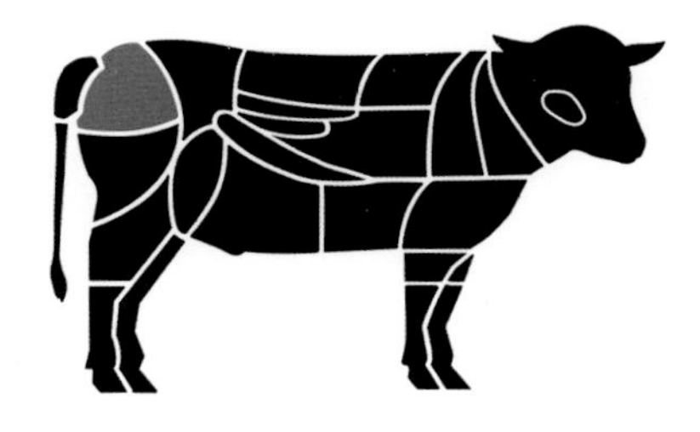

命名

北美分割 内侧后腿肉（上后腿肉）Inside Round

澳洲分割 臀肉 Topside

特性

嫩度 Tenderness ●○○○○

风味 Flavor ●●●●○

脂肪 Fat ●●○○○

烹饪方式

○焖炖 ○煎制 ○烧烤 ○快炒 ○烘烤

什么是臀肉

有些地方提到的针趴或者砧趴，其实就是牛臀肉，又叫内侧后腿肉或上后腿肉。这块肉来自牛的臀部，臀腿部位的肌肉块较大，运动较频繁，肉质纤维明显，瘦且不嫩，价格便宜，经常被用作肉类加工品，也适合家庭作为家常菜、碎牛肉或者腌制牛排食用。

牛臀肉主要由两块主要的肌肉——臀肉盖和去盖臀肉组成，俯视为不规则三角形，表面带有脂肪和筋膜，但表皮覆盖之下的肉块基本没有脂肪。

臀肉盖 Topside Cap/Inside Cap

修剪掉牛臀肉顶层的脂肪和筋膜，底下紧接着的肌肉就是臀肉盖，切下来为一块薄而瘦的肌肉。修整后得到一块类似内/外裙肉和牛腩排的切块，适合卷成卷做烤牛肉或者切成块炖煮。

去盖臀肉 Topside Cap Off

去除臀肉盖，剩下的就是去盖臀肉，是臀肉的主要组成部分。大部分的去盖臀肉都用于再加工，比如牛肉汉堡饼，但在国外有些了解零售价值的肉铺会把这块肉再细分出售。

臀肉做成的咖喱牛肉

如何挑选

整块牛臀肉相当有分量，大概八九千克，在零售市场很难看到一整块的牛臀肉售卖。

即使是和牛，臀肉切出来的牛排也并不嫩，所以如果喜欢柔嫩口感，不建议做成牛排。如果不太喜欢牛肉的油脂，臀肉则非常合适。臀肉以清爽的瘦肉为主，味道浓郁，咀嚼感分明。

如何品尝

牛臀肉口感较硬，但风味浓郁，可以大胆尝试牛臀肉切出的牛排。

臀肉牛排 Top Round Steak/London Broil

直接将臀肉切片就得到了臀肉牛排，因为含有多个肌肉组合，中间连接筋膜和少量脂肪，通常低温慢烤或者低温慢煮能把这块牛排利用得更好。

臀肉盖牛排 Santa Fe Steak/Top Round Cap Steak

取自臀肉盖，一块非常瘦的薄切牛排，是牛裙排和牛腩排很好的替代品，适合高温快速烹饪，最好提前做嫩化处理或者搭配酱汁。

嫩臀肉排Top Round Tender

取自去盖臀肉侧切块中的耻骨肌，在法国是一种很流行的牛排切块。

臀肉也可以被切成薄片做火锅、寿喜烧、涮涮锅等涮煮料理。如果是和牛，还配以肌肉间的大理石花纹，浓郁的味道会更加厚实。

家庭制作，煮炖可以凸显牛臀肉的口味，增强口感。炖的时间够长，肉质会变得恰到好处。又因为臀肉脂肪少，是制作低脂炖菜的不二选择。

从牛排到炖煮，甚至生食都可以，没有脂肪的油腻感觉，具有弹性的扎实口感，牛臀肉是非常值得品尝的部位。

牛臀肉薄片

米龙 Outside

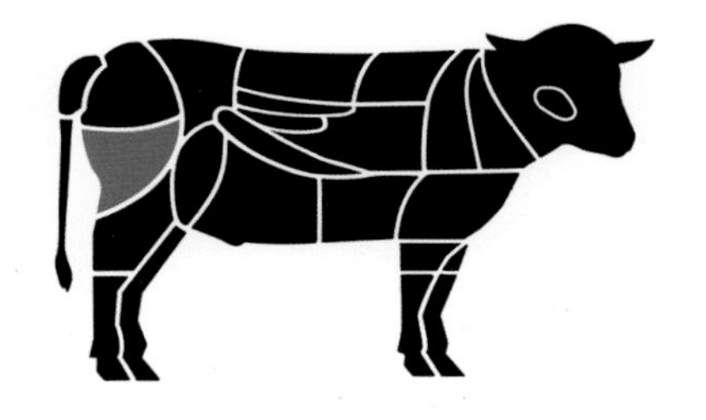

命名

北美分割 外侧后腿肉（鹅颈）
Outside Round Gooseneck

澳洲分割 米龙 Outside

特性

嫩度 Tenderness ●●○○○

风味 Flavor ●●●●○

脂肪 Fat ●●○○○

烹饪方式

○焖炖 ○烘烤 ○烧烤 ○快炒 ○烘烤

什么是米龙

米龙又叫烩扒，可以分割出我们非常耳熟但不常见的大米龙和小米龙。在国内的叫法中，大米龙就是大黄瓜条，小米龙就是小黄瓜条，都来自牛后腿外侧，臀腿之间，属于活动频繁区域，以瘦肉为主，肌肉纤维粗糙。外侧裹有较厚的筋膜与结缔组织，一般都会去除。

大米龙　大黄瓜条/外侧后腿板肉/扁平肉 Outside Flat/Bottom Round（Flat）/Outside Round（Flat）

大米龙是一块不规则扁平状的切块，块大且完整，外侧包有筋膜，价格实惠，拥有良好的牛肉味，较瘦，肌肉纤维略粗，口感较为扎实。适合切薄片、切丝后高温快速烹饪或者用作再加工。

小米龙　小黄瓜条/外侧后腿眼肉/鲤鱼管 Eye（of）Round

小米龙是一块类似圆柱形的切块，注意要和里脊进行区分。小米龙极瘦，价格适中，有很好的牛肉味，但缺乏嫩度，肉质细密，有嚼劲。小米龙最好切成薄片，慢煮、烤或炖，但如果是和牛的小米龙，肉质相对会嫩一些，处理得当，可以用于牛排。

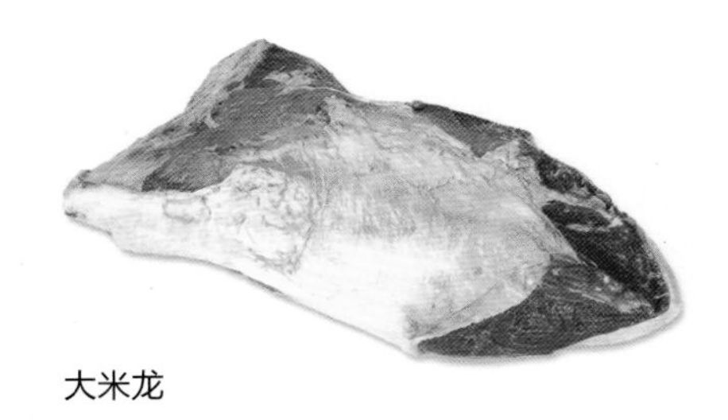

大米龙

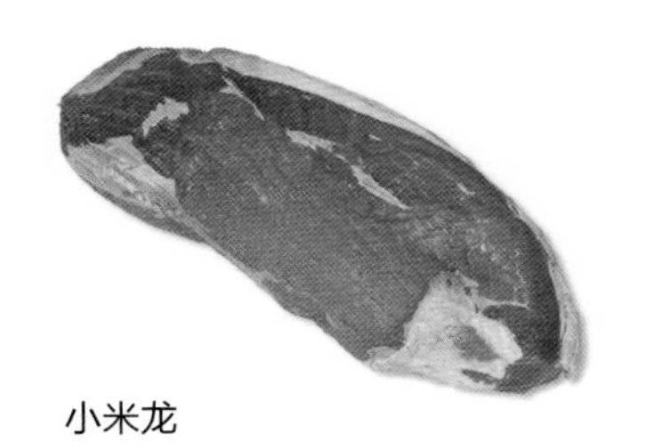

小米龙

大米龙薄片

如何挑选

在商超我们基本不会看到一大块肉，小米龙有单独包装可以购买。如果你对嫩度要求不高、希望脂肪含量低、价格实惠，作为日常牛排食用，可以选择小米龙，但在烹饪时需要注意进行嫩化处理和调味。如果想要软嫩的口感，可以选择和牛，切成薄片食用。

如何品尝

等级较高的大米龙，如和牛大米龙，直接切大片的薄肉片，可用于火锅、涮涮锅、寿喜烧等，但注意要和肌肉纤维成直角切割，改善嫩度的同时也比较美观。快速将肉在热汤中涮煮，蘸取酱汁提味。筋肉较多的部位可以切方块炖煮、熬汤。

和牛小米龙脂肪较少，肌肉纹理粗，切成有些厚度的烧肉片，吃起来富有嚼劲，肉味十足。或者切成薄片，用作牛肉刺身也不错，放一点葱花和酱汁，就可以拥有好滋味。

当然这两块肉也可以被切成后腿肉牛排和后腿眼肉牛排，因为太瘦、嫩度差、油脂香少，所以并不是牛排的最佳选择，在国内基本没什么人选择。如果想做牛排的话，要用断筋器将肉的纤维截断。对于这样一块没有什么油脂的牛排来说，三至五分熟就好，不然吃起来嫩度真的有点“雪上加霜”。不过越咀嚼越能品尝到瘦肉汁在口中的香气，配一点盐与黑胡椒，就可以带出牛肉本身的风味。

运用不同的分割手法和调味方式，可以让米龙的口感和风味呈现更多变化。

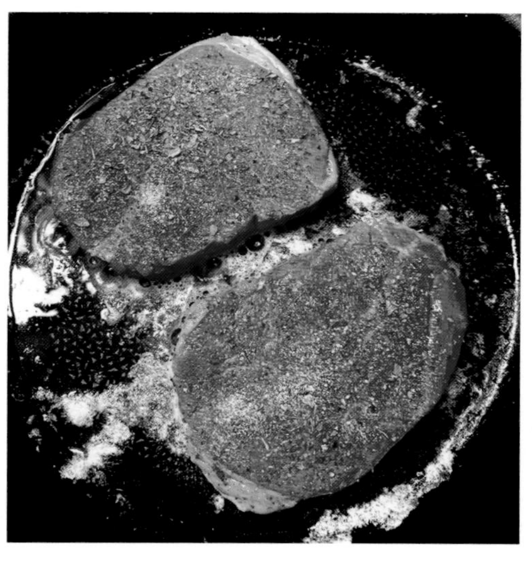

小米龙厚切，做烤牛肉块

膝圆 Knuckle

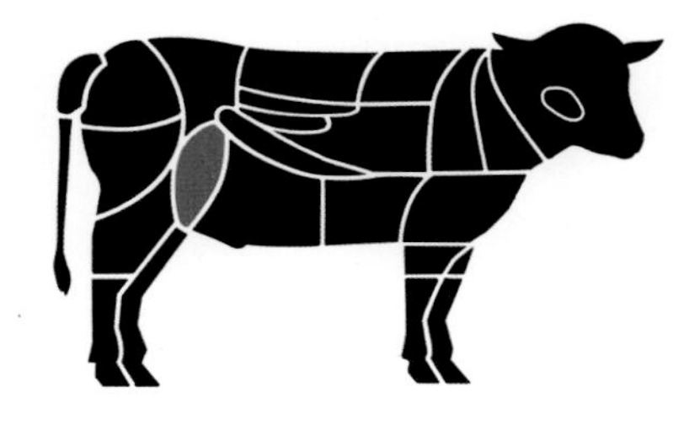

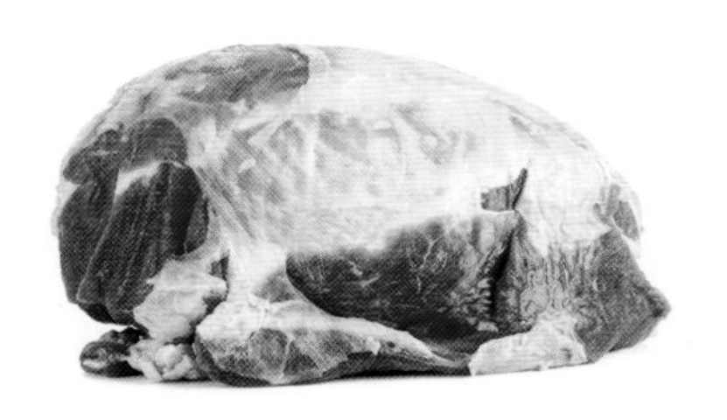

命名

北美分割 股肉（和尚头、牛霖）
Knuckle

澳洲分割 膝圆（和尚头、圆霖）
Knuckle

特性

嫩度 Tenderness ●●○○○

风味 Flavor ●●●●○

脂肪 Fat ●○○○○

烹饪方式

○焖炖 ○煎制 ○烘烤 ○快炒 ○烧烤

什么是膝圆

膝圆又叫牛霖，俗称和尚头、圆霖、股肉等。

膝圆是沿臀肉与米龙之间的自然缝取出，位于后腿前部的膝盖关节上方，为不规则的圆形，表面带有筋膜。算是牛后部位肉中嫩度尚可的切块，内部脂肪少，八九分瘦，结缔组织较少，带有浓郁的牛肉风味，是非常实惠的切块。

膝圆大致可分为膝圆盖（Knuckle Cover）和膝圆心（Eye Of Knuckle）。膝圆盖修整之后平铺面积较大，可切成大片用作火锅或者涮涮锅；膝圆心修整后为不规则圆柱形，中间嵌有筋肉，纹理细致松软，是膝圆内最嫩的肌肉。

如何挑选

市面上可以买到的一般为草饲膝圆，作为牛肉中嫩度不足、脂肪最少的切块之一，如果做中餐，可以切丝或片使用。由于肌肉纤维粗，不推荐做牛排，被广泛用于再加工食品。如果想用煎烤的方式制作，建议购买和牛膝圆。

如何品尝

膝圆非常适合低温慢炖，除了能很好地保留口感，还可以使嫩度得到最大限度的发挥。

也可以将膝圆逆纹切成薄片，加入鸡蛋和淀粉抓匀，锁住水分，增加嫩度；或者用肉锤给肉按摩，把肌肉纤维敲散，高温爆炒锁住水分，再小火炒熟，这两种方法都可以使肉片达到外焦里嫩的效果。

和牛膝圆肥瘦分布均匀，口感紧实有弹性，入口之后可以立马感受到扎实的瘦肉感，具有温和宜人的牛肉风味，是大部分人都可以接受和喜欢的味道。和牛的膝圆心常常切片做烤肉。

膝圆碎肉制作的肉丸

膝圆制作的炖牛肉

牛腱 Shin/Shank

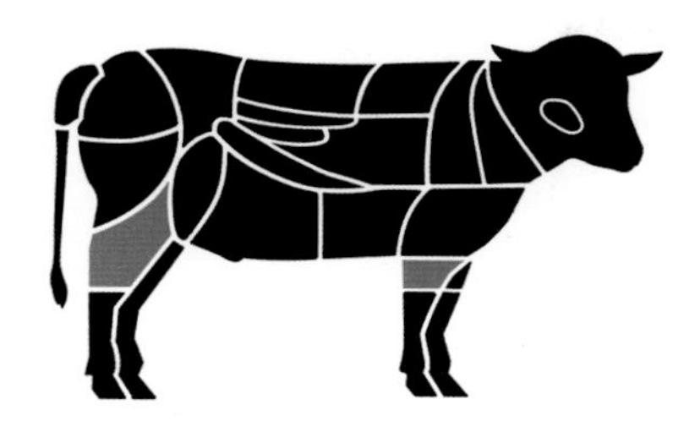

命名

北美分割	带骨牛前小腿 Beef Foreshank Bone-in 外侧后足跟肉 Outside Round Heel
澳洲分割	前后腱子肉 Shin/Shank

特性

嫩度 Tenderness	●○○○○
风味 Flavor	●●●●○
脂肪 Fat	●●○○○

烹饪方式

○焖炖 ○烘烤

什么是牛腱

牛腱肉包括牛前腱和牛后腱，分别取自牛的前后腿。牛腱作为经常运动的部位，肌肉发达，以瘦肉、肉筋和筋膜为主，几乎没有脂肪，肉质比较坚实，部分肌肉块带有肉筋，牛肉风味十足。

如何挑选

西方国家较少食用牛腱，所以分割都比较简单，大部分用作牛碎肉；但在我国，人们非常喜欢炖牛肉，所以吃这个部位也比较讲究。最复杂的标准应该是“台规腱”——我国台湾省将牛腱肉分为A、B、C、D、E、F等几个等级。

A腱——后腱　后腿金钱腱、花腱、三花趾

A腱肉的切面完整，带有明显的肉筋，肌肉纤维明显，口感较为扎实。适合炖、煮、卤。

带骨牛腱

B腱——后腱　腱子心+龟腱

B腱腱子心肉质较其他腱子部位稍嫩一些，容易入味，中间有小花筋，呈现漂亮的放射状纹路。去除B腱的腱子心，剩下像龟壳一样的就是龟腱。

C腱——前腱　前腿金钱腱、老鼠腱、香蕉腱、五花趾

C腱一侧拥有明显的筋头，切面有明显的肉筋，比A腱更复杂、更好看，除了卤，炖煮也可以使筋更富有口感，很受欢迎。

D腱——后腱　扁腱

体积较大，筋肉走向虽然不规则，但比例较好，适合炖煮、红烧或者做碎肉处理。

E腱——前腱　边腱、梅花腱

E腱与F腱是前腿同一处肌肉拆下的两个部位，细筋较多，吃起来有脆感。

F腱——前腱　小花腱

F腱切片后可以看到放射状的筋络，近似A腱，但体积略小，通常被广泛用于炖、煮、卤。

如何品尝

牛腱肉大家都不陌生，红烧牛腱、卤牛腱、凉拌牛腱、炖牛腱、罗宋汤、红烧牛肉面、潮汕火锅、牛肉干等，可以说把食材运用得炉火纯青。在我国，提及牛肉的经典吃法，一定是卤制，卤牛腱绝对是卤味界的佳品。精心卤制的牛腱切片摆盘，肉筋和瘦肉相互交错，富有弹性，色泽酱红，卤汁鲜香入味，这道菜可以品尝出牛肉不同的层次感，越嚼越香。

在潮汕火锅中，深受食客欢迎、弹脆有嚼劲的三花趾和五花趾就出自这个部位。三起三落，嫩而不生，令人回味无穷。

有人烟的地方就会有的炖菜，小火慢炖的牛腱，其中的结缔组织会在持续的温度下软化，释放胶原蛋白，筋膜也不用担心嚼不动。配上番茄、萝卜、土豆，光是锅里咕嘟冒泡的汤汁，就足以让人食指大动。

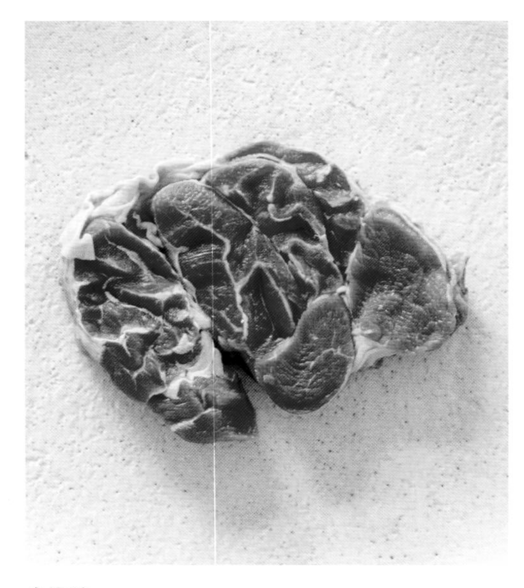

金钱腱

牛腱肉做的红烧牛肉面

牛副产品 Beef Offal

牛舌 Tongue

牛舌一般由牛的舌头主体和舌下肉构成，由一层带“刺”的外皮包裹，内里是肌肉、脂肪和结缔组织，一头牛只有一条，重量在900～1300克。

舌尖部分由于活动较多，肉质和味道都比较扎实；切面小，颜色偏深红色。

舌头中段到后端质地相对柔软，也更容易咀嚼，油脂非常丰富，味道温和；切面大一些，带有粉红色。

相比较而言，舌下肉更耐嚼，不太嫩。嫩与不嫩的分界线主要看牛舌侧切面的颜色，一般粉色微微漏出来，就到了嫩肉部分。可以根据自己对嫩度、风味的偏好挑选。

牛舌最经典的吃法是日式烧肉。一般厚切都来自舌头的中后端，也就是透着粉色、嫩度较高的区域，通常会在肉上切一些花刀，使切口变嫩。厚切牛舌要慢慢烤，不着急翻转，一面渗出汁水后再翻面。

可以适当把熟度提高到七分熟或者全熟，这样外层比较脆弹，内里仍旧软嫩、饱含汁水，熟度低也是可以的，但就失去了这种丰富的口感。可以蘸柠檬汁食用，淡淡的果香和油脂可以达到平衡。

如果是薄切牛舌，不要烤太久，一面染上焦香就可以了。薄切牛舌还可以做成牛舌饭，舌下肉在烧肉店一般会制作成腌渍小食。

烧肉最好选择谷饲牛舌，草饲牛舌吃起来会有点干，缺少油脂。

精修牛舌

牛动脉 Aorta

牛动脉也叫主动脉、牛心管，是直接连通心脏的血管，脂肪很少，呈现白色。

国内的烤串店通常会将主动脉切开来烧烤，微微染上金黄色，刷上蜜汁酱料，口感清脆。

牛心 Heart

牛心里面是红肉，外侧伴有少量纯白色的脂肪。纤细的肌肉纤维易于咀嚼，口感扎实，本身的气味也还很小，煎炖烤炒都可以。

牛动脉

牛心

牛肝

广州传统小吃牛三星一般就有牛心，如果能吃到五分熟的炙烤牛心，也是非常不错的体验。

小牛胸腺 Sweetbreads

小牛的胸腺是只在小牛喝奶时需要的器官，长大后会消失，和胰脏是不一样的。这时的小牛还没开始吃草，腺体带有微微奶香并伴有一些肥美的脂肪。

在国内，小牛胸腺很少见，但在法国，厨师会把小牛胸腺与另一种高级食材羊肚菌结合，做成料理。或者在日式烧肉中，烧烤到外表酥脆、内部松软的状态。

牛脸肉 Face Mask/Cheek

牛下颚两侧肉，平时用于进食咀嚼，经常运动，肌肉结构比较复杂，肉质较硬，有些筋膜穿插其中，但同时风味浓郁。

牛脸肉比较适合慢炖，让丰富的胶原蛋白得以释放，肉质会更软嫩，但里面的筋膜又不失弹性，可以搭配咖喱、红酒等。

牛唇 Lips

牛嘴前部、包括下颚的肌肉，经常运动，肉质紧实，多筋，内部有一些锥状突起。经过修整和慢炖，越嚼越有味道。

牛肺 Lungs

牛的呼吸器官，海绵状、两面类似圆锥形。可以慢煮再切片，放辣椒等香料爆炒。在有些烤肉店，牛肺中的血管圈会作为稀有的烧肉部位供应，将表面的肉剔除，切成极薄的圈状，有软骨一样的口感。

牛肝 Liver

牛肝颜色较深，表面光滑圆润，是一块不规则的矩形器官。牛肝切成薄片，无论是烧烤还是爆炒都会使它作为内脏的“腥味”下降到最低。老饕们还可以尝试下牛肝刺身。

牛肾 Kidney

牛肾也就是牛腰子，颜色较深，呈深红色，外表有一块块圆形凸起。由于味道较重，很多人难以接受，烹饪时也有一些难度，不过有些偏爱这个味道的人会在烧烤时食用。

牛蹄筋 Tendons

从牛的前后脚上取下的白色胶状筋腱。胶原蛋白丰富、低脂肪，炖、卤皆可，风味极其温和，吃在嘴里软糯与弹性同在，极具趣味性。

牛脑 Brain

牛的大脑，纹理和人脑差不多，糊状质地，表面有些“沟壑”。牛脑花会用于火锅，还有蒸牛脑、煎牛脑等会隐藏在少数人的餐桌。

牛尾 Tail

牛的尾巴骨在中间，四周包裹肌肉和脂肪，越到尾端越细。长时间慢炖可以让牛尾的风味发挥到最大化。

牛瘤胃 Paunch

也叫牛肚、毛肚、草肚，牛的第一胃室，也是最大的一个，表面有肌肉褶皱和柱状组织。口感比较扎实，有较强的咀嚼感，但没有异味，吃起来可以联想到干贝的甜，比较适合火锅或者改刀后爆炒。

牛蜂窝胃 Honeycomb Tripe

也叫网胃、金钱肚，牛的第二胃室，表面是蜂窝状薄膜组织，类似蜂窝。四个胃中，蜂巢胃最清爽，弹性和软脆感相结合。广式早茶必点的卤水金钱肚、沙嗲金钱肚都是用的这一块，除了特殊的口感，咀嚼之下更是渗出了淡淡甜美的滋味。

牛重瓣胃 Omasum

又叫牛百叶，牛的第三胃室，表面的叶片有很好的纹理。剥掉外层的黑皮，经过多次冲洗后的牛百叶是川渝火锅的必点菜，短短涮煮后，清脆爽口。

牛皱胃 Abomasum

牛的第四胃室，唯一有胃部功能的部位。表面的黏液洗净后口感更好，入口有弹性，肉质较硬。在韩式料理中，皱胃和肉厚而脂肪多的胃顶肉是食客的最爱。

牛小肠 Small Intestine

连接胃和大肠，比大肠细且薄。外层脂肪丰富，口感十分丰富，咀嚼感极佳。烤牛小肠在日韩料理中十分受欢迎。

牛大肠 Large Intestine

连接小肠到直肠。大肠切片比小肠厚，质感更扎实，虽然脂肪较少，但很柔软。脂肪浓郁但十分清爽，越嚼越有滋味。

牛百叶

牛小肠

× 牛肉的营养与健康 ×

牛肉中的营养元素

牛肉富含蛋白质

“办公室久坐族”如今越来越多，每天家、车、办公室的生活让我们越来越懒，肚腩越来越大，爬个楼梯都是一步喘三口气。处于亚健康状态的“打工人”急需蛋白质来补充营养。而牛肉被健身人士所喜爱的原因正是因为其丰富的蛋白质含量。另外，随着人的年龄增长，蛋白质合成速度下降，补充蛋白质也可以帮助刺激蛋白质的合成。

肌肉具有保护颈椎等重要关节、促进皮肤新陈代谢、保持良好的体态等作用。牛肉中的蛋白质拥有能够促进肌肉生长、增强肌肉力量和修复肌肉所需的氨基酸。据研究，一份170克、80%瘦的牛肉可以提供46克的蛋白质，如果选择更瘦的牛肉，蛋白质含量更多；同时，蛋白质还可以减少人对食物的渴望。

牛肉富含矿物质

矿物质对人体有着不容忽视的影响力。硒是维持心脏正常功能的重要元素，对心脏有保护和修复作用；锌被誉为“生命之花”，可以提升人体免疫力，减少感冒时间和对人体的不良影响；铁可以强身健体、预防疾病。如果想增加矿物质的摄入量，牛肉是不错的选择。

170克、80%瘦肉的牛肉中
所含的矿物质RDA

矿物质	钙	铜	铁	镁	锰
建议每日摄入量百分比	4%	8%	26%	10%	2%
矿物质	钾	磷	硒	锌	
建议每日摄入量百分比	18%	38%	52%	72%	

注：RDA表示建议每日摄取量。

可以看出，当你吃了一份170克、80%瘦肉的牛肉时，所补充的锌和硒已满足每日需求量的一半以上。

牛肉中的B族维生素

除了身体健康，精神健康对“打工人”来说也十分重要。越来越大的外部压力导致失眠、脱发、过敏等问题都或多或少地困扰着大家。牛肉中富含的B族维生素，可以帮助“打工人”缓解精神疲惫。

170克、80%瘦肉的牛肉中
所含的维生素RDA

维生素	B_{12}	B_3	B_6	B_2	B_5
建议每日摄入量百分比	82%	50%	36%	18%	14%

维生素B_{12}可以促进新陈代谢，缺少了它或者维生素B_6都可能导致抑郁等心理问题；维生素B_3（烟酸）可以促进血液循环；维生素B_5可以缓解疲劳、安抚情绪。

牛肉提供大量左旋肉碱

左旋肉碱是一种促使脂肪转化为能量的类氨基酸，它可以将脂肪运输到线粒体中进行燃烧，提高脂肪利用率，提升有氧运动水平。左旋肉碱这个词如今常常与“减肥”挂钩，但实际上，单纯服用左旋肉碱没办法达到减肥效果。

左旋肉碱部分食物来源

食物类别与含量	牛肉 113 克	碎牛肉 113 克	牛奶 150 毫升	鳕鱼 113 克
含量（毫克）	56 ~ 162	87 ~ 99	8	4 ~ 7
食物类别与含量	鸡胸肉 113 克	冰激凌 150 克	奶酪 67 克	
含量（毫克）	3 ~ 5	3	2	

可以看出，每113克的牛肉含有56 ~ 162毫克左旋肉碱，而等重的鸡胸肉只含有3 ~ 5毫克。与其每天节食，不如吃一些含有左旋肉碱的食物，让其利用脂肪为我们提供能量，抵抗一天工作上的疲劳，更专注于自己所做的事情。

牛肉提供谷胱甘肽和肌肽

年龄增长带给我们阅历的同时也带来了皱纹。牛肉中富含的主要抗氧化剂——谷胱甘肽和长寿分子——肌肽，都有延缓肌肤衰老的作用。

牛肉含有共轭亚油酸（CLA）

久坐会使人肩颈酸痛的同时还会使人发胖，患糖尿病、心脑血管疾病的风险相应增加。共轭亚油酸从抗癌到预防心血管疾病、糖尿病都在发挥作用，牛肉是共轭亚油酸的重要来源之一，其中草饲牛肉所提供的含量要更高一些。（数据来源：SELF Nutrition Data个人营养数据网站）

生酮饮食只吃牛肉可以吗？

生酮饮食作为一种既不用运动又不用挨饿的减肥方法如今备受人关注，它在碳水化合物摄入方面进行限制，对于富含蛋白质和脂肪的食物没有限制。牛肉成了最佳食物摄入来源之一，而且饱腹感强。实施生酮饮食之前请认真评估自己的身体状况并让专业人士提供辅导，否则长期、非专业的生酮饮食可能会引起酮症酸中毒、加重肝脏负担等风险。

吃生牛肉安全吗

如果说到生吃的食物，我们会想到生鱼片、生蚝或活章鱼等，但如果你对生食的印象仅停留在此，只能说太遗憾的，你也应该留意——生牛肉。

生牛肉料理在世界范围内都很受欢迎，但是以前国内很少有人生吃牛肉，认为“生牛肉有寄生虫”“不干净、不卫生”。在吃牛排时，也会抵触三分熟或者五分熟这些熟度。

一般都会建议食用煮熟的牛肉，因为高温可以杀死可能导致严重疾病的有害细菌。尽管生牛肉很好吃，但它可能藏有许多致病细菌，食用后会引起细菌感染等食源性疾病，具体表现可能就是腹泻、呕吐、头晕，严重还可能导致休克，威胁生命。但以上提及的可能沾染上的细菌，在烹饪时都可以被高温杀灭。

生牛肉爱好者称，吃生牛肉或未经煮熟的牛肉比煮熟的牛肉更有益健康。牛肉确实是高质量的蛋白质来源，其中包含多种维生素和矿物质，但生牛肉更有营养这个说法是

生牛肉料理

高温灭菌

鞑靼牛肉

汉堡饼建议要全熟

真的吗？

根据权威机构的实验表明，生熟牛肉中的营养成分含量并没有明显区别，生牛肉可以说更自然、更原生态，但是更有营养、更安全这个说法是不准确的。

现在吃生牛肉已经成为很多美食爱好者眼里的新宠，那如何做到安全食用呢？有几个小贴士可供参考：

TIPS

1. 购买冰鲜肉要确保新鲜，品质有保证，最好知道其来源，回家后尽快食用或者冷藏、冷冻。
2. 采购时选择未切片（块、碎）的整块鲜肉，因为与空气接触后牛肉容易产生细菌，碎肉更容易受到侵害。碎肉建议要完全做熟，比如做汉堡里的牛肉饼。
3. 孕妇、幼儿、老年人以及免疫系统易受损的人群不建议生食牛肉。

买回来的牛肉用清洗吗？

目前的冷链系统已经非常成熟，国内外的标准化加工厂都有完善的冷冻、冷藏流程，完全冷链包装销售的牛肉是不用洗的。只需要从包装袋中拿出，用厨房纸擦干表面附着的水与肌红蛋白混合液就可以了。

× 牛肉的挑选 ×

草饲牛肉与谷饲牛肉有什么不同

对所有爱吃牛肉的人来说，草饲和谷饲绝对不是陌生的词汇。我们在选择牛排时，会看到标签写着诸如“谷饲100天”的字样。草和谷物都是牛的主食，难道吃谷物长大叫谷饲牛？吃草长大就叫草饲牛？谷饲牛是从出生就开始吃谷物吗？它们在外观、口味、营养价值上的区别是什么呢？

谷饲牛和草饲牛

什么是谷饲牛？按照字面理解，好像就是吃谷物长大的牛。那这头牛主要以谷物为主食，偶尔在草场嚼两朵鲜花，那它是谷饲牛吗？不是！

育肥场的谷饲牛

我们在市面上能看到、买到、吃到的谷饲牛肉都是指经过育肥场专业育肥的牛所产出的牛肉。

小牛在断奶后会在天然草场、经过改良的牧场或者谷物作坊自由放养1年左右，到其成熟期，就可以送到专业育肥场进行育肥，喂食小麦、大麦、高粱、大豆、玉米等经过专家精心调配和制作的谷物粮食，以满足这个阶段的营养需求，不同产区惯用的饲料都不太一样。

牛肉标签上的“谷饲150天”“谷饲300天”，就是这头牛在育肥场里的时间。在这个阶段会采取圈养的方式来减少牛只的运动，提高饲料的效率，一般来说，时间越长，牛肉产量越高，大理石花纹越丰富，价格也越贵。

饲养时间没有严格的限制，因为不同的牛种或者同牛种但基因不同，都有各自最佳的饲养周期。比如在牛肉界拥有不可撼动地位的日本和牛，一般都会谷物喂养到600～700天，这种牛肉就算煎至全熟口感也不会干柴；安格斯牛在谷饲200～250天时，肉产量和大理石花纹仍能处于上升状态的就属优质。

谷饲牛肉以外的牛肉都可以看作草饲牛

天然草场的草饲牛

肉。现在草饲牛肉的定义也被细分，草饲牛也被划分不同“等级”。一般的草饲牛以天然牧草为食，但草场状态不好时也伴有谷物喂养，这种牛通常活动范围广，活动量也大。

现在还有一个很流行的理念是“100%牧场饲养”，说的就是牛在断奶后以品种精良、有种植计划的草、花或者野豌豆等为食。

谷饲牛肉和草饲牛肉

谷饲牛肉和草饲牛肉在口味上是存在差异的。如果问哪个比较好吃，就好像问肉眼牛排和番茄炖牛腩哪个更好吃一样，很难说清，各有各的特点，它们也适用于不同的烹饪方式，当然，最终还是由自己的口味和偏好决定。

谷物饲养可以增加牛肉的产量，让大理石花纹丰富均匀地在肌肉中增长。谷饲时间越长，肉质吃起来越嫩，“牛肉香”越浓。而且由于育肥场对饲料配比的严格把控，同时不受自然牧场的条件影响，到消费者手中的肉基本表现一致。

谷饲牛肉产品在西餐或者中高端食材中比较常见，也是大多数牛排爱好者的首选，如果喜欢肉质较嫩、脂肪香浓郁的食客可以选择谷饲牛肉。

相比谷饲牛，除了100%牧场饲养的草饲牛之外，草饲牛的生长由于受气候条件对天然草场的影响（比如干旱）较大，牧民对草场状态和饲料转化的掌控力不够，产量和

谷饲牛小排

草饲牛肉

质量也不一致。比如相伴长大的两头草饲牛，它们每天一起溜达、吃饭、睡觉，可肥瘦不一样，到我们手里的那块肉味道也会有些许差异。

一般草饲牛肉都会比较瘦，肌肉纤维比较粗，有嚼劲，“牛肉味”会更浓郁一些，可以品尝出其自然的味道，但有人会觉得有点“腥”。

草饲牛肉约占国内市场上牛肉总量的2/3，中餐做法较多，大部分都用于再加工、深加工产品，比如我们吃的牛肉干、牛肉丸、拼接肥牛等。现在很多人开始追求“健康、自然”的理念，希望牛在整个生长过程中是可以自由漫步在草场上的，100%牧场饲养的牛肉成为很多食客的首选。如果追求瘦身、低脂、自然，可以选择草饲牛肉。

如何区分谷饲牛肉和草饲牛肉

购买时最直接的区分办法就是看标签。一般标签或者包装上都会写明饲养方式、原产国、饲养时间（天）、部位等有效信息。

同部位的肉，谷饲牛肉的大理石花纹比草饲牛肉更丰富，分布更均匀。另外，因为草饲牛以牧草为食，脂肪颜色比谷饲更深，偏鹅黄色或者芥末黄色，这主要是来自其食用草中的色素，但不会影响肉的质量。谷饲牛肉的脂肪颜色偏白，肉色也会比草饲牛肉更鲜亮、更浅，但经过真空包装，在缺氧状态下，我们看到的可能不会那么明显。

闻起来的话，谷饲牛肉的味道更温和。

草饲牛肉真的更健康吗

牛肉的营养价值以及对身体的好处不用多说。有许多研究表明，尽管差别不大，但饲养方式对牛肉的营养价值还是有影响的：草饲牛肉的营养价值高于谷饲牛肉。

- 草饲牛肉β−胡萝卜素（可转化维生素A）和维生素E的含量更高。
- 草饲牛肉的脂肪比谷饲牛肉少，这意味着摄入的能量要少。
- 草饲牛肉的ω−3不饱和脂肪酸含量至少是谷饲牛肉的5倍。
- 草饲牛肉的共轭亚油酸（CLA）约是谷饲牛肉的2倍，这种营养素从抗癌到预防心血管疾病、糖尿病，到体重控制上都有良好的表现。

与大多数健康食物相同，减少人工干预确实可以使食物更健康，但你就得放弃食物的精致感。但同时，以上的研究都是针对牛肉本身，在饮食均衡的情况下，并没有确切的证据表明吃草饲牛肉的人比吃谷饲牛肉的人健康。所以，不管是谷饲牛肉还是草饲牛肉，在真心热爱食物的人眼里，都有其独特的吸引力。

“安格斯牛肉”就是好牛肉吗

在购买牛肉时，我们通常会看到这些分类“和牛”“安格斯”“黑毛和牛”，这说的就是牛种。其中，安格斯牛肉一直受到大众的认可和喜爱。安格斯、黑安格斯、认证安格斯牛肉，它们之间到底有什么相同点和区别呢?

安格斯牛肉不等于优质牛肉

安格斯牛肉，牛肉界的“顶梁柱”，也有很多人把它等同为优质牛肉。但安格斯（Angus）只是牛的一个品种名称，就像狗界的“泰迪”“哈士奇”。作为最受欢迎的肉牛品种之一，安格斯牛的体质非常优秀，经过历代培育，产量高，产出丰富的大理石花纹、白色脂肪和鲜红色的肌肉，它的这些天然优势为其他大部分牛种所不及。

但安格斯不是质量等级标准，经过各国评价体系评定后的中高端产品，才能成为的食客心目中的顶级安格斯牛肉。

黑安格斯牛肉

黑安格斯（Black Angus）是指黑色的安格斯牛种，也是最常见的安格斯牛颜色。但人们常常有“黑安格斯比红色安格斯更好”的偏见。

放在美国，这件事可以被理解。安格斯牛种刚出现时确实为黑色，其创始人也认为黑色是正统颜色，1917年，美国还决定将红色安格斯从官方品种等级表中剔除。于是，在美国红色安格斯一直处于杂交牛的位置，但要知道，和牛品种最初也是杂交牛。除了在美国，大部分国家对这两种安格斯牛都没有差异化对待，除了颜色不同，肉质差别几乎吃不出来。

安格斯牛种

认证安格斯牛肉

“认证安格斯牛肉Certified Angus Beef ®”是美国安格斯协会和其主要牧场成员拥有的一个牛肉品牌。这个品牌的牛肉品种全部都是黑安格斯。

认证安格斯牛肉这个品牌生产的安格斯牛肉，选自美国农业部评级为“特选级（Choice）或者极佳级（Prime）”的产品，然后再根据该品牌十大标准，包括大理石花纹、成熟度、尺寸等进行筛选，质量达标则可以晋级为认证安格斯牛肉。在这些标准下，只有3%的牛肉可以被冠名。

认证安格斯牛肉强调：

没有经过认证，就不是最好的。

认证的牛肉等于最好的牛肉。

更高规格的评价标准是建立在食客对嫩度、风味和汁水的体验之上的，因此标准越严格，绝对是越符合大部分食客的需求，但回归到个人口味，是不是最好吃，这个就见仁见智了。

作为肉牛品种和食物，安格斯确实称得上“优质”，在对牛肉食材没有把握时，购买带有“安格斯”标签的不会出错。但更多时候我们要明白，食材的价值和美味并不在于是否流行，是否价高，而是我们想吃，吃到了，高兴了，就足够了。

安格斯战斧牛排

和牛肉和安格斯牛肉哪个更好吃？

和牛与安格斯是肉牛品种的名称，在精细化饲养后，肉质各具特色，产量俱佳。特别是和牛，具有卓越的谷物转化能力，使得大理石花纹最大化，和其他的牛杂交，也可以产生较好肉质属性。

但两个名词不是品牌，单独审视也无法代表牛肉的最高标准。牛肉是否好吃要结合产区、部位、等级、烹饪方式等属性，牛种只是品质标准的其中一项而已。

牛肉碎的挑选与保存

牛肉碎在餐厅和家庭中都是一种热门食材，价格适中、用途广泛，做牛肉馅、汉堡饼、肉丸子、牛肉酱，翻炒或熬汤均可。

相较于牛肉、牛排，牛肉碎则常常被质疑是否安全。“外面卖的牛碎肉（牛肉馅）干净吗?”“绞碎的牛肉不是好牛肉吧?”“牛肉碎表面都是细菌吧?”有些人对这些言论深信不疑，还有些人则觉得这完全是危言耸听。其实事情还真没那么简单。

如何购买牛肉碎

在购买牛肉碎（糜）时，一定要确保牛肉的质量和渠道。首先就是要选择有信誉和品质保障的商家，与销售人员确认肉来源于什么部位以及制作时间，这是确保你吃到新鲜、有保障牛肉的基础。

单看牛肉的颜色，觉得红色就是新鲜，棕色就是不新鲜，这是非常片面的挑选方法。我们对肉似乎都有这样一条判断标准：觉得颜色越浅、越鲜红就越新鲜。但事实上，这传递了一个错误的信息。牛肉馅如果整体颜色为棕色调的红色或者带有一些棕褐色的斑块，不代表这块肉已经变质了。牛肉颜色的变化是由于肌红蛋白暴露于氧气中所引起化学变化的结果。在制作过程中，牛肉

牛肉碎制作的汉堡饼

牛肉馅

碎接触空气的面积大，肌红蛋白暴露于氧气中时，会变成一种称为“氧合肌红蛋白”的化合物，通常为鲜红色；如果放在密封包装盒中，无氧环境会使牛肉碎颜色变深，或产生更深的颜色斑块。

如果不能确定深色斑块是否为变质，可以购买整块牛肉让商家现场搅碎。

如何确认牛肉碎是否变质

最直接、简单的方式是明确牛肉碎的生产日期，如果无法确认还可以这样做：

闻：新鲜的牛肉碎通常会散发出类似“铁”“血腥”的温和味道，变质的牛肉碎味道难闻。

触摸：新鲜的牛肉碎质感顺滑，略带湿感，有一些弹性，触感凉爽；肉如果变质了会发黏。

如何保存牛肉碎

保存期限

牛肉碎的保质期通常较短，买回家后建议当天烹饪食用。如果无法当天用完，建议在冷藏室保存一两天，熟牛肉碎可冷藏保存3天。在冷冻室，生牛肉碎可以保存三四个月。

保存方式

无论选择何种保存方式，都要记得密封包装。在冷冻室中，如果不密封，随着时间变长，食物会发生变化，比如脂肪氧化、肉失水、表面发黄等，风味和质地都会改变。

在冷藏室中，防止生熟交叉污染，要生熟分开、密封包装。

牛肉碎的烹饪要求

简单来说建议全熟，用牛排绞碎的牛肉，也要保证中心温度达到75℃以上。

在这样的温度条件下，无论是细菌还是寄生虫都会被杀死。被污染不同于变质，变质我们可以通过观察来确定，但被污染的肉通常没有什么迹象，这时候就需要温度来确保食用安全了。

牛肉碎制作的汉堡饼在全熟的情况下更安全

如何挑选适合炖的牛肉块

经典的炖牛肉是很多人的最爱。一大碗热气腾腾、颜色鲜亮的牛肉，配上土豆、萝卜等配菜，裹着美味的酱汁，吃上一口，特别满足。

想要在家中做一锅炖牛肉，说来容易也不容易。容易是食材易寻，方法简单，只要照着菜谱一步一步进行，就不会出什么大错；不容易在于同样的慢炖过程，为什么有的肉过于油腻，有的味如嚼蜡？

炖牛肉既美味又实惠，应该如何选择合适的肉块？秘诀就是：找到胶原蛋白。

胶原蛋白，炖牛肉的点睛之物

出于对嫩度的需求，大多数人在挑选牛肉时往往会选择结缔组织较少的肉块，比如牛身上最嫩的里脊肉或者最容易产生大理石花纹沉积的眼肉。这些虽然是非常好的肉块，价格较高，却不适合焖炖。将牛肉放入小火中慢煨，里脊这种嫩且瘦的肉块会变得坚韧有嚼劲，尝不到瘦肉的软糯；而眼肉中的脂肪则会变成油水流入汤汁中，留下的肉也完全尝不到脂肪的滋润。

不要小看肉中的结缔组织，胶原蛋白主要分布其中，它能让肉块变得湿嫩有弹性。牛结缔组织中的纤维韧性大，抗拉力强。在烹饪过程中，因结缔组织含有胶原蛋白，牛肉变得湿嫩，吃起来带有黏腻感。另外，结缔组织中的胶原部分经过降解和热变性得到的明胶也给牛肉和汤汁增加了丰厚的牛肉香气。

肉块推荐

为炖牛肉选择肉块时，我们要找富含胶原蛋白的牛肉，通常这样的肉块来自运动频率较高的部位。这里的肌肉脂肪少，但结缔组织较多，其中的胶原蛋白不会像脂肪一样渗入汤汁之中。

肩肉

牛肩肉由不同的肌肉群组成，结缔组织丰富，会释放较多的胶原蛋白维护牛肉的滑嫩，同时有些部位还拥有丰富的大理石花纹，保证肉汁的饱满。牛肩肉在超市中很容易购买，价格适中。

炖牛肉

牛肉中的结缔组织

肋排

肋排可以广义理解为牛排骨。肋排上层覆盖脂肪和筋膜，底部和肋骨之间的筋膜也较厚，包含很多软骨，长时间烹饪后软骨和结缔组织都会转化为明胶，骨头也会给牛肉带来额外的风味。肋排价格较高，但牛肉风味十足，筋、肉、骨三方交缠，是最推荐做焖炖肉块的部位之一。

牛尾

如果喜欢嘬一嘬骨头，还可以选择牛尾，剖开每个横截面，都会有骨髓漏出，需要煮炖的时间较长，这里的明胶和脂肪比我们想象得更多，给汤汁增添了厚重感。

胸腹肉

牛前胸肉拥有较厚的脂肪，经过烹饪后，湿润程度较好，但因为肌肉纤维较粗，口感上略逊一筹。而我们常常说的牛腩，含筋量较高，肥瘦相间，需要较长时间的炖煮才会更加湿润。

除了以上这些，还有很多部位可以尝试炖煮，只不过在处理时要灵活一些。比如大米龙，肌肉纤维较粗，建议薄切到1厘米宽再焖炖；牛腱也比较瘦，几乎没有脂肪，焖炖后口感并不讨喜，建议选择腱子心，肉会稍微细腻一些；横切带骨腿肉也可以考虑，虽然烹饪后肉不至于干柴，但结缔组织和肌肉纤维都较粗，需要炖较长的时间。

如何炖一锅美味的牛肉？

在炖肉之前，一定要将肉放入油锅中煸炒，逼出多余的油脂，牛肉表面有了焦糖色，让它释放风味。锅不用刷，直接加入清水。第一次开锅后，切记改小火，建议每半小时进行一次口感和口味的测试，可以帮助我们更好地掌握烹饪时间。

牛肉的储存状态：冰鲜还是冷冻

现在市面上大部分牛肉为冷冻牛肉，少部分为冰鲜牛肉。

冷冻牛肉/牛排

牛胴体在加工厂完成屠宰、真空包装后进入-40℃急冻车间冷冻，到中间商或零售商后，在冷冻状态下分切为冷冻牛肉块或者冷冻牛排。保质期一般为24个月。

冰鲜牛肉/牛排

牛胴体在加工厂完成屠宰、真空包装后，保持在0～5℃的冷藏条件下，到中间商或零售商后分切为冰鲜牛肉或者牛排。保质期根据加工厂的卫生条件不同会在3个月左右。

怎么选

冷冻牛肉/牛排

这是市场里最常见的储存状态，价格便宜、可选择的范围广。建议按每顿的用量购买，直接解冻用完；如果购买了大块肉，建议解冻后进行分割，然后再密封包装、冷冻。切记不要反复冷冻、解冻，这样会损失汁水，影响肉的品质。

冰鲜牛肉/牛排

因为未经过冷冻，冰鲜牛肉的汁水会比冷冻牛肉更丰富。其特定的包装运输冷藏条件也会使售价高于冷冻牛肉。在购买时，要考虑出厂日期、分切日期、最佳食用期限和保质期；通常在冰鲜状态下，牛肉可以保存1～3天，需要尽快吃完，不然就需要冷冻起来。

冰鲜牛肉

和牛的挑选

日本和牛、澳洲和牛与美国和牛

和牛在牛肉中的地位不用多说。“霜降”“大理石花纹”“入口即化”“奶香气”成为一提及和牛就率先被想到的形容词，“牛肉界的爱马仕”似乎也给和牛加上一层顶级奢华的滤镜。

不同国家的和牛

和牛起源于日本，随后推向全球，日本、澳大利亚和美国是生产和牛的主要国家。

日本和牛

在日本，和牛有200多个品牌，每个品牌根据其饲养区域、血统、品种、等级、饲养方法和饲养时间长短等不同标准来划分。神户牛、松阪牛、近江牛就是日本最知名的三大高级和牛品牌。

没什么能比血统更能左右牛的肉质，日本和牛的终极美味只有血统纯正的和牛才能给予，这也是日本和牛往往能带给食客惊喜的主要原因。

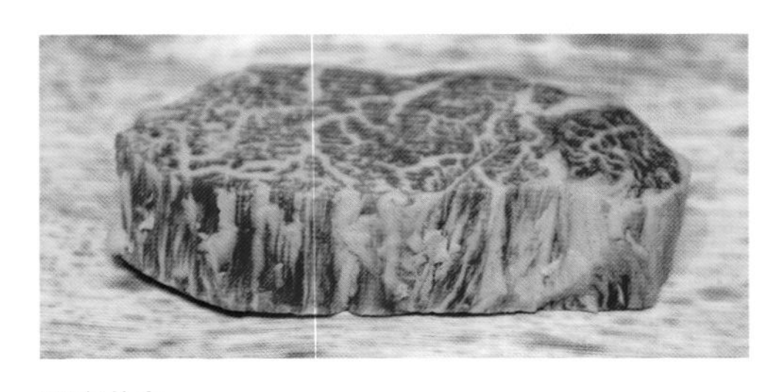

和牛菲力

再加上缓慢而谨慎的饲养方式，对饲料搭配和饲养技术的严密保护，才成就了独特、昂贵的日本和牛。即使已经拟定解禁日本牛肉，但到目前为止，在国内仍旧吃不到正关进口的日本和牛。

澳洲和牛

除日本以外，澳大利亚是拥有最多“全血和牛牛口”的国家。走进餐厅，你会发现澳洲和牛才是中国餐厅和牛界的“霸王”，包括很多挂着日式招牌的餐厅，走进去都是采用澳洲和牛为食物原料。

自第一批和牛的胚胎和精液进口到澳大利亚之后，随着基因技术的更替选择、自然环境的影响再加上牧草谷物的饲养和得力的评级监管，这些都让澳洲和牛在外形、质感和口味上区别于日本和牛。

美国和牛

1976年日本和牛首次被引入美国，美国生产商开始生产高质量的和牛产品。和牛品种在美国发挥着至关重要的作用，用来提高美国生产的红肉的质量。黑毛和牛与安格斯牛的杂交品种在美国占主要地位，其等级可以达到极佳级（USDA Prime）以上的水平。

用土豆、软白麦、玉米等天然谷物饲料饲养的美国和牛拥有丰富的大理石花纹和鲜嫩的质感，其味道更具美国特色。

全血和牛/纯种和牛/杂交和牛

血统根源决定了和牛牛肉的基底。全血和牛为100%和牛血统。全球96%的全血和牛都在日本，澳大利亚是继日本之后注册全血和牛最多的国家。

纯种和牛是杂交牛。全血和牛依次与具有高和牛基因比例的杂交和牛交配，当它拥有93.75%的遗传基因，就可以被称为纯种和牛。美国拥有全球最多的纯种和牛，其次是澳大利亚。

和牛在全世界的分布

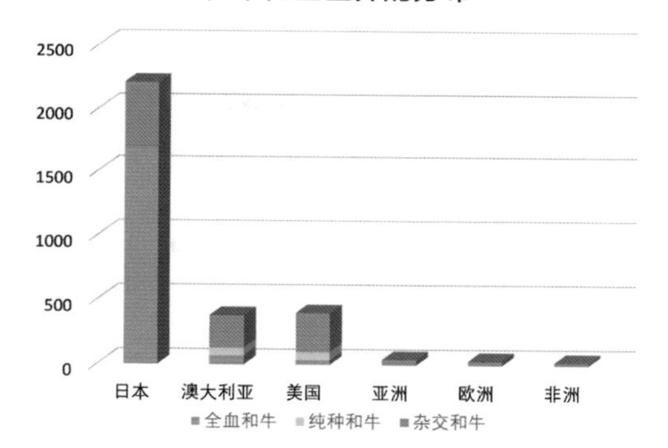

注：数值单位为“千头”。
资料来源 Wagyu International

和牛血统分级

命名	英文	血统比例
全血和牛	Full Blood	100% 日本和牛基因
纯种和牛	Purebred F4	杂交，93.75% 以上和牛基因
杂交和牛	Crossbred F3	杂交，87% 以上和牛基因
杂交和牛	Crossbred F2	杂交，75% 以上和牛基因
杂交和牛	Crossbred F1	杂交，50% 和牛基因

杂交和牛是全血和牛与其他品种杂交培育的牛。例如，一头全血和牛与安格斯牛交配，它们所繁殖的就是杂交和牛，当其拥有50%的和牛血统，就可以称为杂交和牛，也就是澳洲的和牛血统评级中的F1，这头F1和牛再与全血和牛交配产生遗传基因比例更高的和牛，每繁殖一代，基因百分比都会增加。

不同国家和牛的评级标准

日本

日本牛肉的评级基于产量和等级两个因素，A5代表了日本牛肉的最高等级。这个等级适用于所有日本牛肉，而不单单指和牛。而和牛作为牛种贵族，不同品牌根据其血统以及牛肉的特性都有不同的认证标准：

日本神户牛肉等级划分

<table>
<tr><td colspan="2">霜降等级</td><td>1</td><td>2</td><td>3</td><td>4</td><td>5</td><td>6</td><td>7</td><td>8</td><td>9</td><td>10</td><td>11</td><td>12</td></tr>
<tr><td colspan="2">肉质等级</td><td>1</td><td>2</td><td colspan="2">3</td><td colspan="3">4</td><td colspan="5">5</td></tr>
<tr><td rowspan="3">产量等级</td><td>A</td><td colspan="5" rowspan="2"></td><td colspan="7" rowspan="2">神户牛肉</td></tr>
<tr><td>B</td></tr>
<tr><td>C</td><td colspan="12"></td></tr>
</table>

日本近江牛肉等级划分

<table>
<tr><td colspan="2">霜降等级</td><td>1</td><td>2</td><td>3</td><td>4</td><td>5</td><td>6</td><td>7</td><td>8</td><td>9</td><td>10</td><td>11</td><td>12</td></tr>
<tr><td colspan="2">肉质等级</td><td>1</td><td>2</td><td colspan="2">3</td><td colspan="3">4</td><td colspan="5">5</td></tr>
<tr><td rowspan="3">产量等级</td><td>A</td><td rowspan="2" colspan="4"></td><td rowspan="2" colspan="8">认证近江牛肉</td></tr>
<tr><td>B</td></tr>
<tr><td>C</td><td colspan="12">近江牛肉</td></tr>
</table>

澳大利亚

当前有两种分级系统用于对澳洲和牛进行分级——MSA和AUS-MEAT，可对比使用，AUS-MEAT等级评定与日本和牛分级系统中使用的BMS（牛肉大理石花纹标准）非常相似，官方虽然把大理石花纹等级划分为从0到9，但实际上，澳洲和牛的大理石花纹的评分已经达到9+。

美国

美国和牛由于大理石花纹水平通常超过了USDA评分系统用来划分美国牛肉等级的最高级（极佳级），因此该系统很难对美国和牛进行等级划分。目前美国没有统一标准来给和牛分级，因此不同品牌也研究开发了给自己产品评分的标准。比如我们熟知的SRF极和牛（Snake River Farms），他们结合日本大理石花纹评分体系（BMS 0 ~ 12）来划分和牛等级。而另一个美国和牛品牌WASHUGYU和州牛则使用其公司自己开发的大理石花纹评估系统，在USDA评分系统的极佳级上又增加了SPB 7，SPB 8 ~ 9，SPB 10+。

和牛不同的外在美

日本和牛饲养时间更长，整头牛的个头会比澳洲和牛、美国和牛大。同样是眼肉，日本和牛切面更大，肌肉纤维更细，几乎很难看出一丝丝的纤维。

还有一点特殊，日本和牛具有难以复制的大理石花纹。即使澳洲与美国和牛也同样含有大量的肌内脂肪，但不论是数量还是细密均匀程度都不及日本和牛。

日本和牛的肌内脂肪最经典的，就是以细小点针状的白色脂肪并配以复杂均匀交织的静脉网格形状沉淀在肌肉中；而对比发现，无论是澳洲和牛还是美国和牛的脂肪都不会这么细密，其通常以条带状呈现，密度也远不如日本和牛。大理石花纹的数量和细密程度对牛肉的食用感有很大的影响。

味道和质感的差异

因为日本和牛的大理石花纹数量和细密度更高，所以它更嫩，汁水更足，加上长时间的谷饲圈养方式，牛肉味被冲淡，充盈着温和的脂肪香气。

相比而言，澳洲和牛与美国和牛都更具咀嚼感，口感略扎实，虽然有浓郁的“奶”香，但牛肉的风味也无法被忽略。

和牛眼肉切片细密的大理石花纹

每个人都可根据自己喜好进行选择，有人喜欢温和软嫩的口感，也有人喜欢略具风味、有质感的牛肉。

日本和牛虽然很容易让人入迷，但它从来不是走豪迈路线的，而是需要仔细品味，在口中拆解，做成寿司、烧肉或者寿喜锅，几片就好，达到一种“意犹未尽”的状态，太多容易产生油腻感。而澳洲和美国和牛就比较适合大快朵颐，有吃了还想吃的感觉。

购买和牛的Tips：

01 | 所见非所得

在线上购买和牛时，不要轻信宣传图，最好能要求客服展示实物。比如一些高端牛肉店卖的是澳洲和牛，却用了A5北海道和牛的实拍图。

02 | 谷饲800天的和牛存在吗？

日本和牛的平均谷饲为600天。澳洲和牛谷饲天数一般为350～450天；在澳洲和牛协会的饲养计划中有一项获利能力指数评估，其收集数据之一是体重，最多是到600天的体重值，再多可能意味着育肥场在利润上有所损失；澳大利亚大部分肉铺售卖的和牛肉没有谷饲800天的和牛。

如果你对商家标注的谷饲天数或者等级有怀疑，而又不会通过大理石花纹判断，可以直接要求看进口原标签或者问清楚和牛的品牌，直接到品牌的官网查询其产品特性。

03 | 现在国内的日本和牛能吃吗？

虽然解禁公告已发布，但目前国内还没有正关进口的日本和牛。所以你看到的日本和牛要么是虚假宣传要么就是走私。走私牛肉是存在一定安全隐患的，不论是肉本身的检验检疫还是运输储藏的监管都不到位。

现在我国也在培育和牛，但因为牛种基因、饲养成本与方式、监管等原因还没有形成规模化生产，牛肉质感相比和牛饲养技术成熟的国家来说也稍显薄弱。

其实不管是哪个国家的和牛，都不需要用“国家”“部位”“等级”等门槛对一块肉进行限制，相比“吃得贵”，“吃得开心”才是硬道理。

和牛寿喜锅

牛肉小知识

为什么除了日本，其他国家也有和牛？

日本是和牛的原产国，但本身日本和牛也是杂交品种。早期日本也引进了多国的优质品种牛与本土牛杂交、改良，才有了今天的日本和牛。

除了以上提及的澳大利亚、美国，目前中国、南非、智利等国家也都已引进和牛并与本国现有的优质牛种进行配种、杂交，以求优化肉质，但由于血统、杂交技术、环境、饲养方式的不同，各国的和牛肉品质存在差异。

和牛不同部位的料理建议

和牛是鲜嫩、美味牛肉的代名词，和牛丰富的大理石花纹拥有“入口即化”的柔嫩感。甘甜不腻的脂肪伴随着醇厚的香气，入口后立刻能让人感受到“和牛香”，充沛的汁水满溢口腔。这份顶级的美味虽然价格昂贵，但却拥有不少忠实的拥趸。

但你真的会吃和牛吗？你知道不同的和牛部位应该怎么吃吗？和牛身上的所有部位都非常美味，但又极具特色，经过仔细修整和细分，搭配不同的食材与酱汁，会变成不同的菜肴，给食客以最大的享受。

和牛部位及料理用途建议

部位	牛排	烤／烧肉	炖肉	寿喜烧	涮涮锅	牛肉饭	生牛肉
颈肉		☆	★	☆			
上脑	★	★	☆	★	★		
翼板肉	★	★					
板腱	★	★					
保乐肩	☆			★	★	★	
嫩肩肉		★	☆				★
胸肉		★	★	☆	★	★	
眼肉	★	★		★	★		
里脊	★	★					★
外脊	★	★		★	★		
短肋肉	☆	★	★	☆		★	
腹肉心	★	★					
内裙肉		★					
牛脑排		★					
臀腰肉	★	★		☆	☆		★
臀肉	★	★	☆		★		
膝圆	★	★		☆	★		
米龙		☆	★	★	☆		
牛腱		☆	★				

注：★极佳，☆推荐。

和牛外脊：西冷牛排

西冷牛排在国内十分受欢迎，浓郁的风味、良好的大理石花纹、紧实的肌肉纹理三者达到极佳的平衡状态。和牛的外脊是擅长生产这种高价值料理的部位。外观上，切块后整齐，大小近乎一致，颜色鲜亮，大理石花纹细密迷人，烹饪效果极好；口味上，肌肉纹理细致且柔嫩，带有浓郁香甜的味道，汁水可以充盈整个口腔，这也是吃和牛牛排的乐趣所在。

这个部位也同样适合切成薄片，做寿喜烧或者涮涮锅。

和牛上脑：寿喜烧

和牛上脑也较容易形成大理石花纹，脂肪含量适中，肉质柔嫩且风味极好，但这个部位肌纤维走向复杂，筋腱也比较多，适合切成薄片做寿喜烧、涮涮锅，或者稍微厚切一点做烤肉。

和牛肋排：牛肉饭

肋肉是指附着在牛肋骨上的肉，牛小排、肩胛小排都是肋条肉，这个部位的和牛肉容易累积肌间脂肪，醇厚的和牛香和甜味的脂肪是这个部位的魅力所在。在日本，这个部位大多用作烤肉。但其实这个部位也可以用于牛肉饭，牛肉的风味与调味汁搭配，滋味十足。

和牛臀肉：手握寿司

臀肉的侧切块或者耻骨肌相对而言较嫩，烤制后可以放在饭团上做手握寿司，和牛特有的醇香与白米饭融合，对吃惯了烤与涮的食客来说，这个搭配很新颖。

和牛米龙：涮涮锅

米龙部位运动较多，以瘦肉为主，肉质扎实，有一定紧实感，脂肪相对其他部位较少，和牛香气适中，非常适合能“还原食物本身味道”的涮涮锅，在锅中反复加热后，蘸上一些调味汁食用，是一道简单又能突出肉香的料理。

和牛油脂：牛油炒饭

细分后多余的牛油怎么办？牛油可以让米饭焕发活力，给米饭增添特有的香气，也可以用来炒菜。

和牛身上无废料，碎肉和边角料还可以切成牛肉碎，做和牛汉堡，意大利面酱等。

寿喜锅

和牛寿司

神户牛、松阪牛和近江牛

在日本，很多地方都饲养和牛，不同饲养区域拥有不同的名称和品牌，比如有来自山形县的米泽牛，来自鹿儿岛的鹿儿岛牛，来自冲绳的石垣牛等。据不完全统计，日本有200多个和牛品牌，这里将主要介绍被称为日本三大高级和牛品牌的神户牛、松阪牛和近江牛。它们全部来自日本关西地区兵库县，血统是目前占日本和牛数量90%的黑毛和牛的一个亚种。

神户牛

神户于1868年作为国际港口开放，成为日本传统文化与外国文化的交汇处。在牛还是农耕工具时，最早是英国人在神户食用牛肉。这种食物对当时的农民来讲是天赐的礼物。进入神户港口的外国船只带着这种但马牛肉回国，“神户牛肉”就此诞生。

神户牛肉

什么是神户牛?

• 繁殖

神户牛是指在兵库县神户市地区的农户处（指定生产者）出生的但马牛，一出生便登记户籍，并拥有一个10位数的“个体识别码”。如果商铺或者餐厅公布了个体识别信息，你可以在“神戸牛肉流通推进协议会”查看这头牛的血统、农户等信息。

• 育肥

农户在干净、舒适且没有压力的环境下对满9个月月龄的小牛进行培育。我们听说的给牛按摩、喝酒、听音乐等故事一般都发生在这里。经过严格筛选的稻草、玉米和小麦等饲料和清澈饮用水的喂养，牛平均月龄在32个月的时候最接近理想的肉质。

• 屠宰

在屠宰场经过仔细的检验，合格的牛肉将作为“兵库县产但马牛”出售。通过甄选的会印上认证标志。

• 等级

只有在高级但马牛中挑选出来的，特别是未生产的母牛和阉割过的公牛，符合以下条件，才能成为珍贵的“神户牛”。

神户牛品牌认证标准

神户牛品牌认证标准
霜降程度的“BMS”在 6 级以上
成品率等级是 A/B 级
牛胴体重量在 499.9 千克以下
肉质细腻、细致紧凑、程度卓越

为什么是但马牛？

没什么能比血统更能左右牛的肉质，神户牛肉的终极美味只有血统纯正的但马牛才能给予。

但马牛的故乡是面向日本海，名为但马的地方。这里昼夜温差大，夜间降露水，使这个地方生长的牧草柔软鲜嫩，山泉水富含矿物质，但马牛因此获得了特有的肉质。但马牛性格温和，拥有薄而富有弹性的皮肤，牛毛轻若无物。肌肉结实的但马牛骨头细小，皮下脂肪少，所以可食用的部分多，可算拥有得天独厚的肉用牛资质。

由于但马牛拥有很强的遗传力，常常被用作改良和牛品种的纯种牛。因此兵库县产的但马牛至今还保持着避免和其他府县的和牛交配，以保持使其血统完全纯正的做法。

吃什么？

• 霜降

让人口水狂涌的神户牛肉，最让人动心的地方就是拥有人类肌肤都可以使之立即化开的低熔点雪花状脂肪，也就是所谓的“霜降”。

• 嫩度

神户牛的瘦肉嫩而不烂，清新微甜，口感爽弹。配合大理石花纹，风味交融，口味醇厚。

• 汁水

神户牛肉吃到嘴里，清甜饱满的汁水冒出来填满口腔，让人醉心于咀嚼的过程。

• 故事

关于和牛舒适生长的故事已经传遍食客的耳朵，各国政客、皇室官员、国际明星去日本也是对神户牛肉闻味趋之。据说美国职业篮球运动员科比・布莱恩特（Kobe BeanBryant）的父亲就是因为钟爱神户牛肉（Kobe Beef）而给他取此名。

怎么吃？

不论用什么做法，神户牛肉只要一出场，风头绝对压过餐桌上的其他菜品。如果是第一次吃，想品尝神户牛肉的浓郁香气和软嫩多汁，建议铁板烧。薄厚得当的切块，放在铁板上两面稍煎，肉的表面略有焦香，内里还带有鲜嫩的樱花色，配合着稍稍化开的脂肪。一咬下去，肉汁渗出，满口留香。

如果用神户牛肉做拉面，你可能会对此嗤之以鼻，觉得大材小用，但品尝一口后绝对会被它征服。汤底使用神户牛牛骨熬制，用神户牛肉做叉烧，配上一些蔬菜，再加上半颗溏心蛋，吃下这一碗面，再喝上一口面汤，不得不感叹：这是什么人间美味啊！

松阪牛

什么是松阪牛？

松阪牛是在日本三重县中部松阪市及其周边地区，在严格条件下饲养的优质和牛品牌。从出生到屠宰牛都会被进行追踪，以确保其真实性、可靠性。高度大理石化的牛肉具有丰富的口感，这些牛以喂啤酒增加食欲而闻名。

松阪牛肉

如果需要得到松阪牛的品牌认证需要满足三个基本条件：

松阪牛品牌认证标准
未经生育的黑毛和牛品种的母牛
已经登记在松阪牛个体识别管理系统中
出生后的 12 个月内送入松阪牛育肥场，只能在育肥场范围内移动

松阪牛生活的伊势平原气候温和，水资源非常洁净。每个牧场都有独特的陪伴方式来饲养松阪牛。每只松阪牛的成长都伴随着饲育者如照顾女儿一般的关爱。日本三留牧场的三留学先生说："每做一件事我就会衡量这样对它们好不好，将它们当作人看待，就像对待家人一样对待它们，这一点很重要。"

除了提供符合规定的饲料外，每个饲养者都会根据牛的身体状况和精神状态，发挥自己的创造力来饲养和牛。当牛食欲不佳时，会给牛喝一些啤酒开胃；用刷子蘸上烧酒刷牛的皮毛以软化肉质；领它们出去散步，锻炼腿部肌肉，放松他们的心情；每头松阪牛有单独的牛舍，保证干净的生活环境和舒适的空间。牛是敏感的动物，稍有压力就会影响肉质。在牧场中，每只和牛都可以信任人类并健康快乐地成长，而不会感到压力。

松阪牛的追溯系统完全不逊色于我们的户口本。从牛的姓名、血统、育肥天数到饲养他们的农民的信息、食物含量以及这头牛父母的信息都很齐全。

吃什么？

• 和牛香

吃松阪和牛，当然要先品一口甘甜高雅的和牛香。松阪牛的和牛香，很难用一个简单的词形容。闻一闻，好像有椰子、蜜桃的清甜果香；品一口，除了脂肪的香气，好像还带有一点木质香味。在80℃淡盐水中加热2分钟，这时候的肉香气最浓，不需要其他的调料来夺走松阪牛本身的香气。很多人垂涎和牛牛排，但想获得更浓郁的牛肉香，可能寿喜烧或者涮牛肉更合适。

• 健康的脂肪

在品评和牛口感时，常常会听到这些评

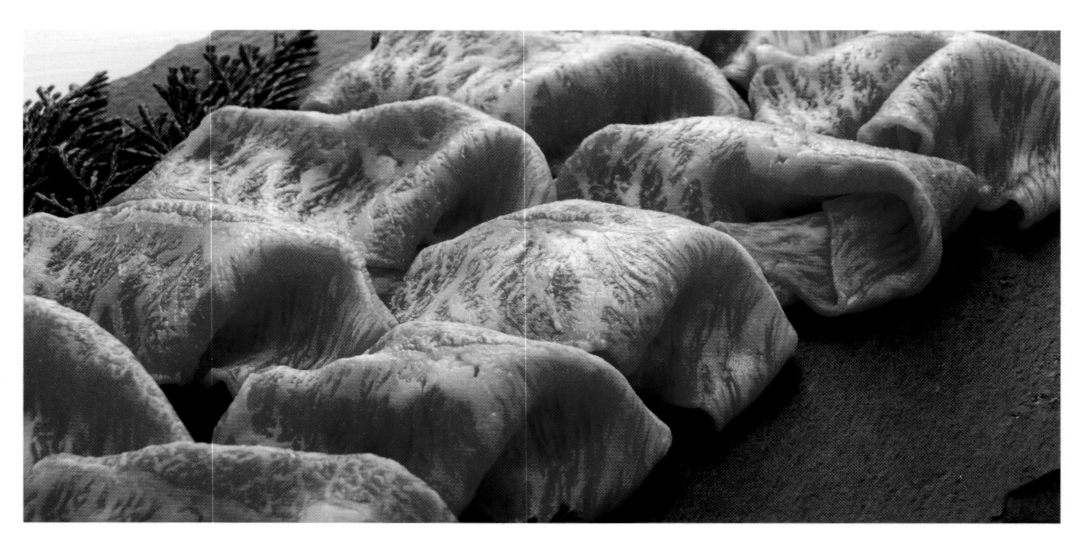

切薄片做成寿喜烧或者涮涮锅

价“丰富的大理石花纹”“在舌尖化开”“丝滑的口感”“肉质柔软，可用筷子轻轻切开”。这些感觉都离不开脂肪。

脂肪是牛肉的灵魂。松阪牛的脂肪比一般的和牛含有更丰富的不饱和脂肪酸。不饱和脂肪酸的含量根据牛的个体（育肥期等）而变化。研究结果表明，育肥期越长，不饱和脂肪酸的含量越高，特别是长期育肥的“特产松阪牛”的含量更高（可育肥至900天）。

• 醇厚的口感

松阪牛的脂肪熔点很低，把牛肉放入口中，很快就可以品尝到牛肉的醇厚。脂肪的熔点根据母牛的育肥时间而变化。增脂时间越长，脂肪的熔点越低，长期增肥、被称为“松阪牛中的松阪牛”的特产松阪牛的脂肪熔点就更低了。

怎么吃？

最推荐的做法还是寿喜锅。松阪牛的特色就是入口即化的柔软和牛肉香。寿喜锅均匀的火候和考究的细节与用料，能够在不损害其特色的情况下锁住松阪牛肉所释放出的肉汁香气。再辅以其他食材，能够最大限度地发挥出松阪牛独特的鲜味。

如果你更爱松阪牛的脂肪香气，可以选择牛排或日式烧肉，看到它在炭火中汁水盈盈，吱吱作响，绝对口水直流。

近江牛

什么是近江牛？

近江牛被日本专利局认证为地区性和牛品牌，是在拥有丰富自然资源和水资源的滋贺县生长的日本黑毛和牛，被认定为近江牛还需要满足以下三个条件：

近江牛品牌认证标准

近江牛品牌认证标准
A4 级或 B4 级等更高等级的评测
由近江牛牛肉协会认定
在滋贺县官方指定分级屠宰场进行屠宰

吃什么？

近江牛的美味程度排序依次为：未经生产的母牛、阉割公牛、公牛。优美的自然环境与日本“生命之湖”琵琶湖共同孕育的近江牛，拥有超过400年的悠久历史，同时也是世界上最美味的和牛品牌之一。

• 细嫩的瘦肉

近江牛有着极其细腻柔滑的肉质，肌肉纤维相比其他两种高级和牛品牌来讲更细腻，即使没有脂肪的帮衬，瘦肉也绵软幼嫩，不干枯。

• 丰富的汁水

同等级的和牛品牌，近江牛虽然不及松阪牛一入口的香气扑鼻，也不如神户牛肉咽下后的唇齿留香，但它能给食客带来更多的鲜美汁水。

• 脂肪的黏性

精心饲养的近江牛脂肪拥有不同于其他和牛的独特黏性，黏度更高，甘甜不腻的脂

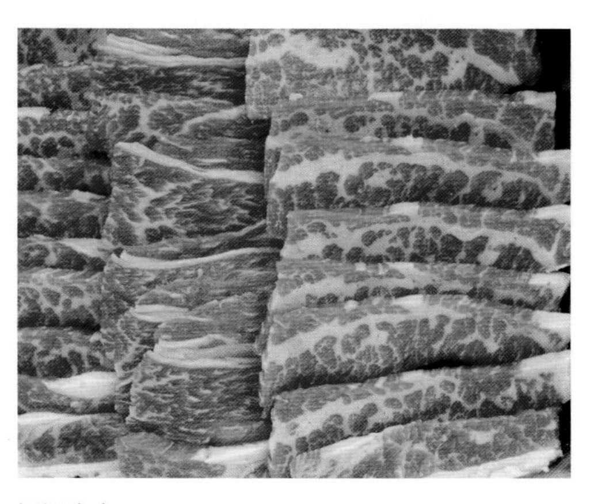

近江牛肉

肪伴随着芳醇的香气。近江牛所含油酸丰富，脂肪熔点低，只要轻轻炙烤即可。

美味的秘密

• 历史悠久

近江牛拥有其他和牛品牌不可及的、超过400年的悠久历史。在禁食肉类的江户时代（1603年—1868年），在彦根藩（今滋贺县，近江牛故乡）就有人把牛肉做成养生药，敬献给将军。到了明治时期（1868年—1912年），近江牛经由神户港运往东京，当时是以出货港来为牛品牌命名，因此不论什么牛，从神户港口运出，都称作“神户牛”。1889年以后历经100年，终于确立了近江牛这个品牌。

• 地理环境

滋贺县近一半土地覆盖着郁郁葱葱的森林，夏季不会过热，冬季不会过冷，拥有清澈见底的湖水、牧草丰富的自然。自然条件优厚，近江牛的饲料得到了良好的保证。流向农场的泉水全年保持12℃。近江牛就是在这样的环境下无压力地饲养而成。

• 少量生产

经过认定的近江牛很稀有。近江牛非批量生产，即使有增加产量的能力，也只每年出售6000头。每一头牛都饱含农户打造工艺品一般的匠心与饲养技术，确保了近江牛的高品质。

• 干净的牧场

动物就像人一样，感受到压力时肌肉会紧绷。因此不管是为了牛本身，还是为了牛肉更美味，近江牛生活的地方都十分舒适。走进近江牛的牧场，地面上基本没有多余的垃圾，饲料箱也很光亮，每只牛有自己的小屋子，有足够的空间活动，那里通风良好，宽敞透亮。

怎么吃?

近江牛在国内基本吃不到，所以有机会一定要去日本品尝。美食家蔡澜在他的《蔡澜旅行食记》中写道：“日本牛最好的产区，除了三田之外，还有松阪牛和近江牛。不过他们只懂得烧烤，原因是肉好的话，尽量少用花样。”

手握寿司可以称得上是近江牛最有人气的料理。因为肉足够新鲜，可以直接生吃，也可以稍作烤制。一般这道料理会采用眼肉，雪花状的大理石花纹漂亮至极，烤制后油脂化开，伴着香气送入口中，轻轻咀嚼，感受滑嫩细致的口感和浓郁的和牛香。吃过的客人都称赞其拥有入口即化的感觉。

目前日本流行用寿喜锅来烹饪近江牛，采用大理石花纹较少的部位，比如臀肉。和牛本身独特的香气，点缀上至鲜的菌菇，只需要在汤里点一点酱油，打上一碗生蛋黄伴食，这种简朴的方式最能释放出近江牛的美味。当然，涮涮锅、铁板烧等也都可以尝试。

近江牛寿司

牛肉的品牌怎么看

一块牛肉要经过以下多个程序才能到达食客手中：牧场/育肥场、屠宰加工厂、进口贸易商/大型加工厂、省级经销商/加工分切厂/经纪人、市经销商/超市/餐饮等零售商。

经常有人会问，在哪里能买到好的牛肉，其实牛肉的质量更多地是由其品牌所保证的，看品牌，要看牧场或者育肥厂的品牌，而不是国内加工厂或者零售商的贴牌。

比如，你在某店买了牛排，看着不错，烹饪过程也没出错，吃一口还行，但觉得怎么越嚼嘴里会有淡淡酸味，可别人吃又觉得没问题。这可能就是你对这个牧场饲养出来肉牛的口味比较敏感，或者屠宰加工厂的排酸等工艺不到位。但你不能找零售商理论，因为这不是他们生产的肉，只是这块不合你的口味而已，下次仍旧可以在这家店铺购买其他品牌的牛排。

又比如，你爱吃射和牛，它是Beefcorp公司的品牌，然后在1265加工厂代加工，分割成大部位肉后运输到国内，国内加工厂和零售商会再切成牛排销售。这时候你觉得吃得好，想再买同款，当然不是认定代加工厂1265，也不是认定国内贴牌的经销商，而是要找“射和牛”这个品牌。

了解到这一点之后，就应该明白挑选牛排时，光找零售商是没有用的。

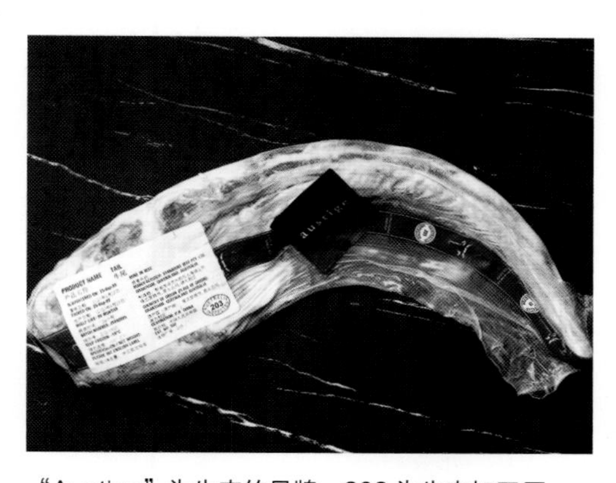

“Austige”为牛肉的品牌，203 为牛肉加工厂

如何在网上挑选牛肉？

如果你对一家店铺的信任度不高，首先要看产品本身或者实拍图，特别是网上购买，货不对板的情况很常见，毕竟一整块牛外脊切出来的西冷牛排每一块都长得不一样；还可以要求看产品的出厂标签，进口牛肉都有中英文对照的产品原标签，里面就包含了产品名称、原产国、制造商、生产日期、等级等信息。

什么是进口牛肉的厂号

JBS 628厂、Jack's Creek 1620厂、银蕨52厂、阿根廷2083厂……爱吃牛肉的人，以上这些厂号多多少少都见过，这些也是在挑选牛排时会留意的部分，还有78厂、243厂、1265厂、640厂等。

看起来这些号码枯燥无味，实际上，通过这个“号码牌”可以了解的牛肉信息有很多。

厂号的定义

厂（Plant）是指国外的牛肉加工厂，是给肉牛屠宰、分割、检查、包装、冷藏、加工的地方，加工厂需确认食品安全后出售给客户。这些工厂通常投资很大，拥有专业的牛肉分割人员、流水线设备等。

厂号则是当地负责部门审核后分配给该牛肉加工厂的公司编号/批准编码。比如，美国加工厂是由美国农业部USDA检验批准分配。

厂号是独一无二的识别编码，用作精准确认。可以把厂号想象成我们的身份证号，但这些加工厂也是有名字的。在国内，我们一般称这些厂号为“在华注册工厂厂号”，并不是每一家牛肉加工厂都满足正关进口资质。

厂号的辨认

进口牛肉厂号通常都会以醒目、清晰的方式出现在牛肉的外包装上。

加工厂中的牛胴体

箱内每块牛肉的真空包装上也会印有厂号的标识或贴牌，即使在分切并重新包装后，标签也被要求写上进口商、厂号等信息。

厂号的用途

对食客而言，厂号能让我们知道牛肉在哪里生产，可以直接拒绝走私牛肉，规避不适合自己口味的加工工艺。比如，有些加工厂可能排酸不到位，你不爱吃，那完全可以记住该厂号，不再购买这个厂的牛肉产品。

而使用厂号比较多的还是牛肉行业从业者，厂号可以帮助从业者精准区分和定位产品。有些品牌旗下的加工厂众多，在不同的国家建厂涉及不同的产品线，还有代加工业务，生产或者代加工不同品牌产品，比如我们耳熟能详的JBS，在华注册工厂就有将近20个。厂号有助于区分这些信息。而且不是每个人都能准确说出工厂的英文名，翻译成中文更是五花八门，直接叫厂号更高效也更准确。

巴西在华注册加工厂——232厂，在进口牛肉的外包装箱上，通常以图片方式呈现

买牛肉只看厂号可以吗？

国外牛肉加工厂除了自己的产品还承接代加工业务，比如1265厂，属于澳大利亚的G&K O'Connor公司，他们除了生产自己的牛肉品牌之外，还承接了BLACKMORE、THOMAS FOODS、SECURITY FOODS等其他品牌的代加工业务。只看厂号是没法确认自己吃到的到底是哪一块牛肉。

加工工艺固然对牛肉的口味与质感有影响，但饲养、产区、等级这些因素对牛肉的影响更深，所以品牌是比加工厂更值得考虑的问题。

牛肉“标签”怎么看

购买牛肉或牛排时，我们常常会看到“儿童牛排”“网红推荐”“进口牛肉”“健康牛肉”“雪花牛排”“湿式熟成”“品质牛腩”等宣传介绍。这些给牛肉打上的“标签”确实为食客提供了选择的便利性，但也让人较难看清食材的本质。

这些标签、形容词并不能说明牛肉来自哪里、是冰鲜肉还是冷冻肉、什么部位、什么等级。解密这些标签的复杂性、避免被虚假或错误信息误导，需要我们认识出厂原标签。

对“标签”要警惕

走出标签化思维真的很难，但出于对食品健康安全的考虑、对钱包的尊重以及吃到更好吃的牛肉，我们需要对牛肉产品有更多的认识。

很多加工、批发、零售商给自己贴的标签真的如上面所说吗？最常见的，很多商家会给牛肉或牛排贴上“新鲜”的标签，那这块肉真的新鲜吗？新鲜是指刚生产、刚收集或刚制成的，而实际上，大部分进口牛肉都是冷冻肉。类似这样的标签还有：

儿童牛排就代表健康、营养、无添加吗？

雪花牛排就代表高等级吗？

品质牛腩就代表不是拼接肉吗？

食客不应该看到“新鲜”就决定购买这块肉，更不应该看到“进口”就觉得这块牛肉或牛排绝对优质。不要小看这些标签，它可能会影响我们的判断力，甚至选到不合适的食材。

原标签内容

原标签是国产或进口牛肉在屠宰场、加工厂的出厂标签，通常具有真实、安全、可追溯的特质。各个国家展示出来的内容大同小异，对于进口牛肉标签，《中华人民共和国食品安全法》第97条也明确规定：进口的预包装食品、食品添加剂应当有中文标签，所以标签一般为中英文双语。

我们购买牛肉时，牛肉标签被要求写明产品名称、原产地、工厂注册号、生产日期等基础信息，至于肉的等级和质量需要拿在手里、放在眼前确认；线上销售的产品我们可以看进口原标签和产品实拍图，确保产品质量。

澳大利亚牛肉进口标签

以澳大利亚进口牛肉的标签为例，这其中就包含了将近19种信息：

1. 一般说明：标明带骨、去骨以及种类。
2. 原产地国：这是澳大利亚出口要求，适用于所有出口厂家的纸箱包装。
3. 胴体等级标识：用来识别胴体的年龄和性别（示例中为★S★母牛肉）。
4. 产品标识：分割肉名称（示例中的牛牡蛎肉）。
5. 重量范围：显示纸箱内每个分割肉块的重量范围。
6. 包装类型：IW/VAC指产品为单独真空包装。
7. GS1-EAN·UCC 128条形码：条形码要按照国际肉类行业指导方针使用。
8. 包装日期：显示产品包装到纸箱内的时间。
9. 此日期前食用最佳：表示过了该日期仍可以继续销售，并不意味肉已经损坏、变质或者腐烂。如标明“此日期前食用”则禁止在该日期后继续出售。
10. 净重：指去除包装材料之后的重量，用两位小数表示，有时净重用千克和磅表示。
11. 批号：此为出口国国内企业的识别号码，以便追溯该批产品时使用。
12. 纸箱序列号：同条形码。
13. 伊斯兰屠宰许可证明：表明动物按照伊斯兰教方式屠宰并得到伊斯兰组织认可。
14. 公司编号：工厂注册号（示例中为203）。
15. AI印章：澳大利亚联邦政府检验印章。
16. 冷藏说明：“保持冷藏/冷冻”表明箱中产品从包装之时起的保藏条件。
17. 切块数目：表明箱中分割肉的数量。
18. 公司编码：纸箱上需标明出口国国内企业识别编码。
19. 公司商业名称：肉类加工企业的名称。

消费者有权利了解食物的来源、生产环境和特质，一个小小的原标签就可以精确地反映这些内容。“宣传标签”有可能成为干扰因素，原标签才能真实地还原一块牛肉的身份。

什么是“新鲜、优质、星选”牛肉?

优质、新鲜、星选、精品、某某推荐……这是在网上搜索牛排时，标题里看到的比较多的形容词，其实这种无法展现牛排本来面貌的描述是无用的。

在挑选牛排时，关键词可以设置为：谷饲、草饲、原切、澳大利亚、美国、安格斯、谷饲150天等，这些更能真实反映牛排原貌的词，才可以帮助我们挑选到满意的牛排。

× 世界牛肉地理 ×

在我国，从南到北，从沿海到内陆，牛肉有非常多的烹饪方法：安徽淮南牛肉汤清香四溢，四川水煮牛肉麻辣鲜香，广东人对干炒牛河情有独钟，北方人最爱炖牛肉温暖滋补……不同的方法搭配不同的食材，竟有百种美味。

牛肉放在世界餐桌上，那绝对也是魅力十足，日式和牛寿司抓人心弦，韩式生拌牛肉一口入魂，法式牛排后再无牛肉香……

无牛肉不成席，穿越时间和空间的界限，牛肉绝对称得上餐桌上的主角。现在，我们就聊聊不同国家的“牛肉文化”。

巴西：被牛钦点的国家

提到巴西，除了足球，最被大众所熟知的就是巴西烤肉。巴西人爱吃肉，尤其爱吃牛肉。

巴西东南部是以热带草原自然带为主的世界最大高原——巴西高原，西部坐拥60%“地球之肺”——亚马孙平原，地理造就了天然牧场，牛比人多，也让巴西人拥有了独特的烤牛肉经验：鲜！

鲜牛肉中保留着充足的汁液，经过炭火的烤制，脂肪化开，肉味妙不可言。肉表层烤到出现焦脆，就先切下来吃，剩下的继续烤，直到外层再形成脆壳。一点点粗盐调味，巴西人最擅长展现牛肉原始的味道。

巴西烤肉起源于18世纪早期，当时的游牧民族高桥人靠放牧牛羊为生，性格自由奔放、彪悍豪爽、乐意分享。高桥人以牛肉为食，因为长期在草原游牧，烹饪手法也很粗犷，把牛肉切成大块，穿在佩剑上，用木炭或木头烤制牛肉，一次可以烤几千克，分切给家人和朋友享用。时至今日，这已经变成巴西人的生活方式，无论是家庭和社区聚会或者节假日活动，都会聚在一起烤肉。最常见的做法仍然是把大块肉穿在烤肉叉上，端到餐桌切分。这种传统的上菜方式深深根植于巴西的烤肉文化当中。

巴西人会吃牛，就不得不提到巴西烤肉

内洛尔牛

有个世界上最独特的部位：牛肩峰（Hump）。肥瘦相间，一口咬下去油脂炸开，这完全是托了瘤牛的福，也就是我们在“牛种故事”中讲到的热带牛种——印第克斯牛。这种牛最典型的特征是它的牛肩峰，皮肤从白色到灰色，大耳朵耷拉在脸的两侧，具有良好的耐热性和抗病虫性。内洛尔牛成为其中的佼佼者，占瘤牛品种数量的90%，我们在国内吃到的大部分草饲牛肉都来源于此。

再说说最受巴西人喜爱的臀尖，在国内称臀腰肉盖。切面近似三角形，肉边带有一层油脂，肥瘦均衡，油脂在烤制时窜进肉中，一定要五分熟，切成薄片，不用多余的酱汁，体会其独特的味道与口感。虽说少了一些秀气，但多了一份豪放，这也是巴西这座城市的底色。

巴西人吃烤牛肉不像其他国家一样追求肉的柔嫩度和甘甜味。他们的牛大部分以草饲为主，牛肉香浓郁醇厚，有嚼头，最重要的是符合他们热情豪放的性格，就是要把牛肉吃得淋漓尽致，一口咬尽牛肉的本色。

巴西烤肉

美国：真正的牛肉“大胃王”

美国既是全球牛肉最大的产能国，同时也是最大的牛肉消耗国。牛排、牛肉汉堡、炖牛肉、烤牛肉、牛肉三明治、牛肉意面、牛肉卷、牛肉饼……对以牛肉为主食的美国人来说，牛肉可以用任何形式融入不同的菜品中。

美国人对牛肉的偏爱始于19世纪的“西部大开发”。丰富的天然牧草资源，让牛群在无边无际的草原上大饱口福，同时也提供给人们所需的肉、奶和皮革。牛肉汉堡包就在这时兴起，一块牛肉饼，两片面包，就是汉堡最初的样子。

美国人很早就有在户外烧烤牛肉饼的传统，把牛肉饼放在烤盘上，随着温度的升高，发出“滋啦滋啦”的声响，肉汁在饼中打转，肉糜在炭火的炙烤下变得饱满。把带着韧劲和肉香的牛肉饼放在面包里，涂上厚厚的酱汁，面包吸收了附着在牛肉饼上的油汁，蔬菜的清爽和酱汁的浓郁在嘴间厮磨，美味至极。

1955年，美国第一家麦当劳开业，牛肉汉堡包正式成为美国生活方式的象征。在20世纪80年代，据说美国人每人每年食用碎牛肉接近50千克，大部分是汉堡包。今天，美国汉堡和肉丸等深加工业对碎肉需求量仍然巨大。

美国除了汉堡，还有一种让人口舌生津的美食——牛排。美国人是世界上最爱牛排的人。最初牛排在美国是切成厚片，放在吐司上，用手抓着吃，肉眼牛排也是整块烧烤后再切片。这样粗犷且豪迈的风格受到大家喜爱有一部分原因是受到牛仔文化的影响，勇气和胆量是牛仔的象征，牛肉也自然被赋予了英雄气概。

随着嫩度、风味和多汁性成为大部分牛排的品评标准，以及19世纪末到20世纪初，美国工业化发展，种植业效率提升，中部平原由于雨水丰沛，成为著名的“玉米地带”，于是美国重新构建了现代饲养体系：缩小游牧生产，以谷饲为主。谷饲牛肉大理石花纹丰富，吃起来肉质嫩，更多汁，“牛肉香”更浓。再加上美国最常见的肉牛品种安格斯的优质特性：饲料转化率高，产量高，倾向于生长丰富的大理石花纹、白色脂肪和鲜红色的瘦肉等，牛排自然成为美国人餐桌上的首选。

澳大利亚：原生态牛肉代言人

不知道从什么时候开始，澳大利亚的牛肉在我国流行开来，集味美、安全、便利于一身的澳大利亚进口牛肉得到越来越多人的青睐。

澳大利亚烧烤牛肉

汉堡包

澳大利亚牛肉的产能排在全球前十，当地的肉铺拥有可靠的肉源，无论什么时间，肉柜里总是准备着新鲜优质的肉块。

澳大利亚的牛肉烹饪手法较为简单，符合当地的饮食文化。经典的澳式牛排三明治（Aussie Steak Sandwich）经常出现在澳大利亚人的日常生活中。牛排在锅中就已经开始变得焦香诱人，蛋黄酱、烧烤酱再加上莴笋、番茄、洋葱，牛排外层的焦脆，蔬菜的清爽和面包本身的香气能够轻易俘获味蕾。

澳大利亚四面环海，气候和降水适宜，脚下草地翠绿葱郁，人和动物都可以随意地呼吸新鲜空气；农民也都十分看重动物福利，精心照料的牛自然也会生产出高质量、安全的牛肉。这种人与自然的深厚感情，从澳大利亚人喜欢户外烧烤也能看出来。几乎2/3的澳大利亚家庭都拥有烧烤设施，政府

澳式烧烤

还会免费提供公共烧烤设施放在户外供人们使用。

不论是家庭聚会还是节日派对，大家找上一块环境优美的地方，一人负责烤，另一人负责调制酱汁，其他人只需围在烧烤炉旁等着吃就可以了。占澳大利亚牛肉产量1/4的安格斯牛肉，眼肉汁水饱满，肩胛肉软嫩香浓，臀腰肉嚼劲十足，拥有回甘。一场烧烤，仿佛经历了一场视觉、听觉、嗅觉、味觉共同编排的盛宴。

中国：吃着火锅唱着歌

我国是全球第四大牛肉产能国，但因为人口基数巨大，不得不依靠进口牛肉来满足需求。在我国谷饲牛肉一般用于烧烤和煎制，草饲牛肉多用于加工或者传统炖菜。

在我国的不同地区，人们把牛肉烹饪成了不同模样：内蒙古牛肉干、兰州牛肉拉面、广西牛腩粉、广东干炒牛河、四川水煮牛肉、东北炖牛肉、湖南牙签牛肉等。但吃牛肉最多的方式还是火锅，先来一份麻辣牛油锅底！

一年四季，街头巷尾，火锅店都热气腾腾，一落座，牛油的醇厚鲜香就先飘了过来。涮好的秘制嫩牛肉放进调料碗里打个滚，鲜嫩多汁，里脊被辣椒和蛋清包裹着，看着就很过瘾，经典的鲜毛肚微微发卷之时便要捞出，轻轻滑过底料，裹上蒜泥和香菜，爽脆十足。

如果不能吃辣怎么办？当然就要去吃潮汕牛肉火锅。潮汕牛肉主要是采用本土的黄牛肉，多产自贵州、四川等地，牛在潮汕经过专业育肥，现宰现吃。潮汕牛肉更大的秘诀还在于手切。顺着纹理，切到极薄，还原了肉品应有的嫩滑口感。本土产的牛肉处理得当，品质丝毫不逊色。吊龙饱满多汁，匙柄富有嚼劲，五花趾脆爽弹牙，总之，各有各的香。最特别的莫过于胸口油。新鲜的胸口油为白色，烫过后完全不油腻，反而带有嚼劲，充满牛肉香。

牛油火锅

日本：牛肉的殿堂

如果在欧美吃牛肉要绅士，在日本绝对就要精致，牛肉的精致在日本被发挥到了极致。

如果想要入口香气浓郁，要选择松阪牛；如果想咽下后口齿生香，就要选择神户牛。

牛肉切成方形，客人容易入口，吃得方便。把和牛肉块放在铁板上两面烤制，牛肉的表面略有焦香，内里还带有鲜嫩的樱花色，吸收着稍稍化开的脂肪。如果是薄切，则选用煤气能更好控制火力，烹饪出最合适的味道。搭配柚子醋、昆布汁、寿喜烧等酱汁，一口咬下，原本锁住的肉汁渗出，口感浓润。

日本和牛从饲养到屠宰、评级，从肉的部位和酱汁的选择、再到上菜顺序都经过精细的安排，形成了日本独有的和牛文化，这一招一式，丝毫不比日本武士过招逊色。

在日本，饲养和牛的环境大多气候温和，作为世界上森林覆盖率最高的国家之一，空气清新，水资源丰富洁净，牧场也会把和牛当家人一般照顾，因此和牛的肉质在牛肉界难以撼动。我们所熟知的神户牛、松阪牛、近江牛都源于“黑毛和牛”牛种，作为日本国宝，其具有卓越的谷物转化能力，使得大理石花纹最大化。开始品尝时，可以先选择油花不那么丰富的位置，比如牛舌，味道清淡，搭配青葱酱油即可；再吃油花较多的部位，如眼肉、板腱等。日本人吃和牛从不在调味上过多下功夫，优质的牛肉本身味道已经很浓郁，配上烧酒，永远不乏食客追捧。

除了炭烤或者铁板烧，能充分感受牛肉嫩滑的和牛手握寿司，让和牛鲜味升级的寿喜锅，以昆布为基底，品尝和牛原味的涮涮锅，品尝顶级油花的和牛牛排，爽脆感迎面袭来的�鞑靼日本和牛也都是不错的选择。

韩国：偏爱韩牛

看到韩国排在全球牛肉进口国第四名的位置，就知道韩国人不是吃不起牛肉，而是更偏爱本国牛肉名品——韩牛。

韩牛原产于韩国，是与欧洲牛杂交出来的小型牛种。同日本和牛一样，韩国农民也极其呵护韩牛，用高质量的谷物饲料最少饲养一年，给牛播放音乐，用刷子刷背，重视动物福利，避免由于运输或者屠宰过程中压力大而影响肉质。因此韩牛拥有明显的大理石纹路，口感微甜。

日式烧肉

韩式烤肉

横城郡和河东郡生产的韩牛品质数一数二。环境天然，水源纯正，极少受到污染，气候适中，让韩牛的大理石花纹平均生长，在韩国极具盛名。

在美国有线电视新闻网编制的《全球50个最美味食品》中，烤韩牛名列第23名。铁板或者炭网在韩式烤肉中比较多见。颈肉、臀肉、肋排都是烤韩牛的精选部位，为了获得韩牛的精美口感，烤到五分熟就可以了，先品一口韩牛的甘甜，再搭配生菜、洋葱和酱汁，恰好的配料更能带出韩牛的鲜香，而且丝毫不会觉得油腻。

牛腩、肋排可以用来做韩式牛肉汤，韩式传统黄豆酱做汤底，加上西葫芦、蛤蜊、豆芽、金针菇、豆腐，配上米饭，就是一道朴实简单且便宜的家常口味料理，喝上一口，温暖全身。

牛臀肉可用来做旧时号称“朝鲜三大美食”之首的生牛肉拌饭。切得极细的牛肉丝，鲜嫩感十足，配上黄豆芽、蕨菜丝、桔梗等蔬菜丝，铺在白饭上，佐以香油、韩式辣椒酱，再放上个生鸡蛋黄，搭配烧酒，简直是人间美味。

韩国多山，牧场仅占全国国土面积的不到1%，自然资源匮乏，饲养韩牛资源有限，物以稀为贵；再加上韩国民众对本国培育出来的食材有着认同感，只要负担得起，韩国人都愿意为韩牛支付更高的费用。

世界牛肉地理远不止于此，语言传递出来的美味不及牛肉的万分之一，不如去看、去闻、去品，一起去感受牛肉不同的美好。

牛排饭

× CHAPTER 3 ×

探究牛排

× 牛排分类 ×

牛排通常是指切自牛身上肌肉、脂肪，甚至包括骨头的切块，还有些肌肉本身的板型和重量较小，只需要对外表进行简单修整，就可以作为牛排供应，比如来自牛腹部的牛腩排。

一份牛排重量在150～1000克不等，储存状态可以是冷冻、冰鲜、干式熟成等，在料理方面，可以采用煎、烤、炸、低温慢煮等多种烹饪方式，但无论怎么处理，都得从分切出一块好吃的牛排开始。

部分牛排部位分类

牛肉部位	牛排部位	牛肉部位	牛排部位
里脊	菲力牛排 Filet Mignon	外脊	西冷牛排 Sirloin Steak
肩肉	上脑牛排 Chuck Roll Steak		T骨牛排 T-bone Steak
	丹佛牛排 Denver Steak		红屋牛排 Porterhouse Steak
肩胛肉	板腱牛排 Top Blade Steak	肋排	牛仔骨 Short Ribs 3 Bone
	平铁牛排 Flat Iron Steak		牛小排 Short Ribs Meat
	嫩肩牛排 Chuck Tender Steak	裙肉	牛裙排 Skirt Steak
眼肉	肉眼牛排 Ribeye Steak	臀腰肉	臀腰肉盖排 Rump Cap Steak
	老饕牛排 Ribeye Cap Steak		三角肉排 Tri-tip Steak
	带骨肉眼牛排 Bone-in Ribeye Steak	胸腹	牛腩排 Flank Steak
	战斧牛排 Tomahawk Steak	米龙	小米龙肉排 Eye Of Round Steak
膝圆	膝圆心排 Sirloin Tip Center	臀肉	臀肉牛排 Top Round Steak

一头牛身上可以分切出来的牛排部位有很多。由于世界各地的分割方式和命名方法不同，可能同一块牛排到了不同的国家命名也不同。

以来自牛外脊的西冷牛排为例，在澳大利亚会被命名为Sirloin Steak或Porterhouse Steak，在北美地区则会被叫作New York Steak或Striploin Steak，而Porterhouse Steak，在国内，我们则称它为红屋牛排，要比西冷牛排多添加一块T骨和里脊。

在牛排的命名方面，也有同一个部位，因为分割方式不同而产生不同的命名。以板腱为例，当垂直筋膜纵向切割时，切出来的牛排是形状类似椭圆形，中间带有一根筋，两侧为肌肉的板腱牛排（Top Blade Steak/Oyster Blade Steak）；如果顺着筋膜走向横向剖开，剔除筋膜，只留两侧扁平的肌肉块时，则被叫作平铁牛排（Flat Iron Steak）。这两种不同的分割方式会产生不同的口感，因此烹饪方式和熟度上也会有一些区别，中间带有筋膜的板腱牛排更适合五分及以上的熟度来软化肉筋，获得丰富的筋肉口感；而剔除了筋膜的平铁牛排则更推荐三至五分熟，体验牛肉柔嫩的口感。

如果担心有些部位分不清，又想挑选到心仪的牛排，有这几点可以参考：

- 运动越少的肌肉组织越嫩，可以通过肌肉纤维的细腻程度判断；运动越多的肌肉组织牛肉风味越浓郁。
- 多肌肉群组成和带有筋膜的牛排会影响口感。
- 适量的大理石花纹和脂肪可以给牛排添加香气和汁水。

下面将介绍在国内比较常见的几种牛排。

西冷牛排

菲力牛排
Filet Mignon

嫩度 Tenderness	●●●●●
风味 Flavor	●●○○○
脂肪 Fat	●○○○○

菲力牛排通常被认为是最嫩的牛肉切块，在餐厅十分受食客欢迎，当然价格也很昂贵。

Filet Mignon这个名字来源于法语，Filet意为厚而无骨的切块，Mignon意为精致。早在1906年，Filet Mignon这个词就出现在“世界三大短篇小说巨匠”之一欧·亨利的《四百万》中。美国更是把每年的8月13日定为菲力牛排节。

菲力牛排

什么是菲力牛排

菲力牛排在我国港台地区还有个小别称叫免翁牛扒（Filet Mignon/Tenderloin Steak/Fillet Steak）。

这块牛排来自牛里脊，也叫牛柳。

牛里脊肉只占整头牛的2%～3%，紧贴于肋骨和脊柱的内侧。用作牛排时，整条牛里脊外侧的筋膜和易碎的脂肪通常会精修去除。

菲力牛排肌肉纤维细腻，中间无明显肉筋穿过，除了和牛有轻微的大理石花纹沉积，其他切块几乎无均匀的肌间脂肪。

整条牛里脊

口感与味道

总的来说，菲力牛排很嫩，但牛肉味不明显。作为最嫩的牛排，说能在口中化开有些夸张，但柔嫩度绝对会给人惊喜。牛排处于运动量较少的区域，肌肉纤维细，结构单一，无结缔组织，生产出来的肉口感柔软、细腻；在味道上更温和，没有太多牛肉风味。相比其他热门牛排，缺少大理石花纹，脂肪香气较弱。菲力牛排的营养和其他大多数牛肉都一样，但脂肪相对较低，适合老人、小孩和减脂人群。

如何挑选

如果买整条里脊肉回家制作会便宜得多。在挑选时要注意肉应该具有弹性，包装袋内不应该有太多肌红蛋白混合液体（也就是血水）；如果单独购买菲力牛排，尽量选择约3厘米厚的，这样烹饪起来熟度更好掌控。

如何烹饪

菲力牛排烹饪方法比较多，煎、明火烤、电烤、烟熏、低温慢煮等都可以，控制好温度和时间，就可以获得嫩度适宜、汁水丰富的牛排。

因为没有太多内部脂肪，建议菲力牛排三至五分熟即可，熟度太高，肉质容易干柴；如果是和牛，有肌间脂肪在其中，熟度可适当提高。

由于脂肪含量低，味道过于温和，需要配合调味料来展现其风味。可以选择提前腌制或者配合酱汁食用。最简单的是配合粗盐与现磨黑胡椒，但实际上，菲力牛排通常会搭配复合佐料或调味料，比如奶油乳酪芥末酱、红酒蘑菇酱汁等，或者将培根包在菲力侧面，煎制时会给牛排添加烟熏风味，同时也不会使牛排变干。

因为其无骨、无脂肪的保护，不太适合做干式熟成。

和牛菲力牛排中间有明显的大理石花纹沉积

卷上培根，给菲力增添风味

肉眼牛排
Ribeye Steak

嫩度 Tenderness	●●●●○
风味 Flavor	●●●●○
脂肪 Fat	●●●●○

肉眼牛排受到很多人追捧，甚至被评为最好吃的牛排。这块牛排非常容易产生大理石花纹沉积，肉质鲜嫩，肌肉与脂肪风味平衡得恰到好处，对不太清楚自己想吃什么的人来说，这一块绝对值得一试。

什么是肉眼牛排

肉眼牛排也叫肋眼牛排、眼肉牛排，英文为Ribeye steak、Scotch fillet、Cowboy steak。

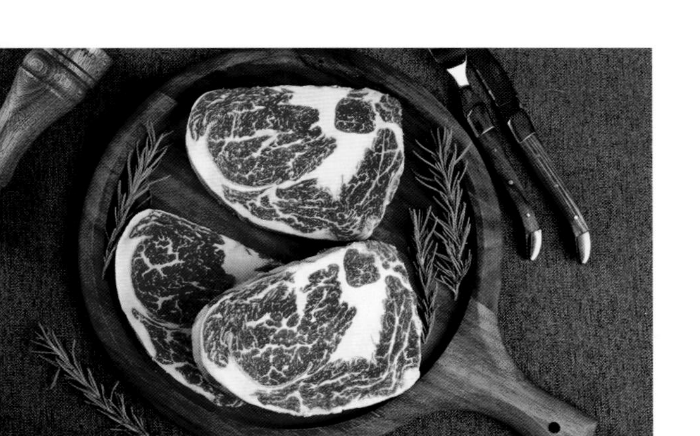

肉眼牛排

一般来自牛肩到牛腰的第6 ~ 12根肋骨的眼肉，由背最长肌和附着在肋骨背侧的肌肉组成。

整块肉眼牛排是不规则的形状，主要由以下两块肌肉组成：

背最长肌（Longissimus Dorsi）：肉眼牛排的主要组成部分，是整块牛排的中心，被一条脂肪半包裹，也是大理石花纹丰富的地方。

背棘肌（Spinalis）：肉眼牛排的精华，也叫肉眼眉或肋眼眉（Cap of Ribeye），拥有更嫩的肌肉纹理和更多的脂肪，通过一条脂肪与肉眼牛排心分开，是肉眼牛排中最

中间肌肉为肉眼牛排心，右侧肌肉为肉眼眉

嫩、最多汁美味的部位，自己本身就是一块牛排——老饕牛排。

无骨的肉眼牛排是比较常见的状态，带骨则是保存了肋骨。战斧牛排也是选取的肉眼牛排，只不过采用了法式修剪骨头的方法。

口感与味道

这个部位的肌肉运动量极少，肉质非常嫩，肉眼眉的嫩度更好一些，从整块的综合嫩度体验来看，仅次于菲力。大量的肌间脂肪沉积形成了大理石花纹，为牛排增添了汁水和风味。而连接两块肌肉的脂肪带会在烹饪时创造更多的汁水和脂肪香气。

牛排爱好者们也都是因其丰富的大理石花纹、浓郁的脂肪香、柔嫩的质感与多汁的体验而爱上这块牛排。

如何挑选

作为最昂贵的牛排之一，很多人甘愿为它的味道和质感付费，如何挑选一块肉眼牛排呢?

有一个通用的原则就是选择肉眼眉大的，越靠近上脑的部位，狭长的肉眼眉越大，大理石花纹越丰富；越靠后的位置，肉眼眉逐渐消失。

如何烹饪

不带骨的肉眼牛排建议三至五分熟，带骨的肉眼牛排，如果想在骨头附近获得多汁且嫩的体验，熟度要五分熟及以上。如果喜欢三分熟左右或者更生的带骨肉眼牛排，靠近骨头的部位会比想象的熟度低，甚至会比较难嚼。

至于选择何种烹饪方式，是烤是煎或者低温慢煮，只要别忘了给牛排的外皮高温快速加热，形成焦香的棕色外壳就可以了。

烤肉眼牛排

西冷牛排
Sirloin Steak

嫩度 Tenderness	●●●○○
风味 Flavor	●●●●○
脂肪 Fat	●●●○○

提起牛排，几乎每个人都会想到最具代表性的西冷牛排。强烈的风味、良好的大理石花纹、紧实的肌肉纹理达到极佳的平衡状态，同时价格适中，是牛排馆和高级餐厅食客的最爱。

什么是西冷牛排

西冷牛排（Sirloin Steak/Striploin Steak）又叫纽约牛排（New York Steak）、堪萨斯牛排（Kansas City Steak），是餐厅点单量很高的牛排。

西冷牛排

西冷牛排来自牛外脊，通常以无骨的不规则椭圆形肉块呈现。由薄厚不等的脂肪和一条近乎透明的肉筋包裹着红色肉块，其余的脂肪以大理石花纹的形式铺在牛肉之间，几乎没有结缔组织穿插其中。

根据切割的厚度不同，一条牛外脊可以产生10～20块牛排，每块牛排都形状不一。靠近眼肉的前端以及中间部位肌肉结构组成单一，靠近臀腰肉的末端出现臀中肌。

口感与味道

西冷牛排肉质紧实、风味浓郁，细细品

尝软中带韧。与肉眼牛排属同一肌肉群，紧贴脊柱，运动量少，肉的嫩度逊色于里脊和眼肉，但吃起来非常具有咀嚼感，可以品尝到纤维的细致和特有的强烈“牛肉”风味，这也是食客大爱西冷牛排的原因。大理石花纹当然不会缺席，均匀浓密的肌间脂肪可以给西冷牛排增添汁水和脂肪香气。

如何挑选

在挑选牛排时，需要考虑的因素比较多，其中大理石花纹的程度是质量辨别的主要特征之一。更多的大理石花纹意味着更高的质量和价格。无论如何烹饪，大理石花纹都会化于肉中，给牛排增添汁水和风味。

就西冷牛排而言，挑选切块时查看牛排的外形可以很容易分辨出差异。

避免带有臀中肌

臀中肌出现意味着牛排切块已经靠近臀部，风味上几乎没有区别，但在嫩度上会逊色于中前端的切块。如果只是这样，其实是吃不出来区别的，但臀中肌带来了肌肉间的结缔组织，影响综合的咀嚼体验，在价格相同的情况下，尽量避免带有臀中肌的切块。

寻找切口笔直、宽度差异不大的切块

整齐的切口有利于均匀烹饪，虽然大家都很倾向于厚切3厘米左右，但对于家庭烹饪或者新手来讲，2～2.5厘米的厚度可以增加成功率。

大理石花纹沉积可以带来汁水和香气，但西冷牛排边缘脂肪太厚，会造成浪费

如果肌间脂肪够丰厚，边缘脂肪厚度在3～5毫米即可，还可以适当再减少；如果肉偏瘦，可以挑选边缘脂肪厚一点的牛排。

避免购买一边过窄、像问号形状的牛排

牛排尾端细窄的地方主要是脂肪，可能会弃食，造成浪费。

如何烹饪

西冷牛排适合大多数烹饪方法，建议三至五分熟。太生会导致肉筋无法软化，难以咀嚼；熟度过高会让肉变干柴。

西冷牛排非常适合干式熟成，两侧拥有骨头和脂肪的保护，可以给牛排增添嫩度和另一层浓郁的风味。

尾端过窄，以脂肪为主，吃起来油腻，容易造成浪费

五分熟的西冷牛排综合口感更好

T骨牛排
T-bone Steak

嫩度 Tenderness	●●●○○
风味 Flavor	●●●○○
脂肪 Fat	●●●○○

提到T骨牛排就不得不说红屋牛排，有句话说“所有的红屋牛排都是T骨牛排，但不是所有的T骨牛排都是红屋牛排”，这是什么意思呢？

什么是T骨牛排、红屋牛排

T骨牛排（T-bone Steak）和红屋牛排（Porterhouse Steak）都来自同一部位——牛腰脊，通过T型骨头可以轻松辨认，一面是里脊肉，另一面是牛外脊肉。

通常红屋牛排的尺寸要更大，它来自牛腰脊的后端，比T骨牛排拥有更宽更厚的里脊。

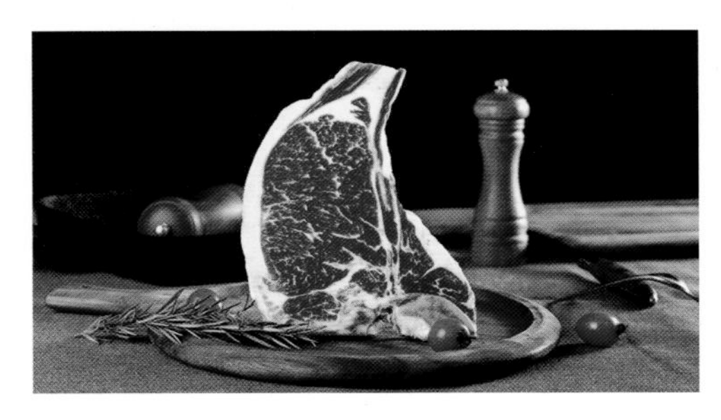

T 骨牛排

美国农业部（USDA）的标准是，红屋牛排的里脊部分宽度至少3厘米，整块够2人用餐；T骨牛排的里脊部分宽度在1.27～3厘米，如果不满足这个尺寸，只能单独分切，出售西冷牛排。

在其他条件相同的情况下，红屋牛排的价格通常更高。首先，红屋牛排里脊比例较大，另外因为其里脊尺寸的要求，一般一头牛最多切出4块红屋牛排。

口感与味道

T骨/红屋牛排看上去就像牛排“明星”，无论是商家的宣传图还是实物，都让人食欲旺盛。

一半菲力牛排一半西冷牛排的独特设定，让你可以在一块牛排上体验不同的口感和质地。西冷的牛肉风味与菲力的鲜嫩完美融合，在充满咀嚼乐趣的西冷中可以体验菲力的柔嫩。切一块西冷入口，大理石花纹带来的汁水和牛肉香迸发而出，油脂在口中化开，肉筋带来一些韧劲，口感丰富多变；再切一块菲力，入口鲜嫩，和西冷的这种反差，着实让人欲罢不能。

如何挑选

优质的T骨/红屋牛排一定拥有鲜艳的红色肌肉，偏乳白色的脂肪，大理石花纹丰富，没有结缔组织穿过，这才能给牛排带来丰富的口感和享受。

在选择红屋牛排时有一点需要特别注意：更大块的里脊并不意味着更优质的牛排。不论是红屋牛排的西冷部分还是菲力部分，保证没有明显的结缔组织贯穿牛排是很重要的。红屋牛排多切自腰脊的后端，这里是里脊切面最宽的部位，同时也是靠近臀部的部位，在这里可能会看见一小块臀中肌。当看到有明显的结缔组织分割了这块肌肉，也就到了靠近臀肉的末端，肌肉相对略硬。

如何烹饪

这块牛排非常考验厨师的功力。脂肪除了能传递风味还可以隔离热量，菲力牛排较瘦，因此在烹饪过程中熟得较快，时间不对，可能就变得干柴；如果是煎，在过程中肌肉受热收缩，骨头突出，牛肉不能直接与热源接触，T字骨附近也比其他部位熟得慢，可能外侧已经达到目标熟度，骨头附近还很生。这时，使用烤箱是比较保险的办法。将牛排放入烤箱低温慢烤至快要接近目标熟度，再放入煎锅煎至焦香。

另外也可以尝试更有趣味的烧烤，把西冷部分放在火焰上方，而菲力部分则放在侧面，完成整个烹饪过程。

建议五分熟，如果你对熟度有严格的要求，想用食品温度计测量的话，记得要测远离骨头的部位。

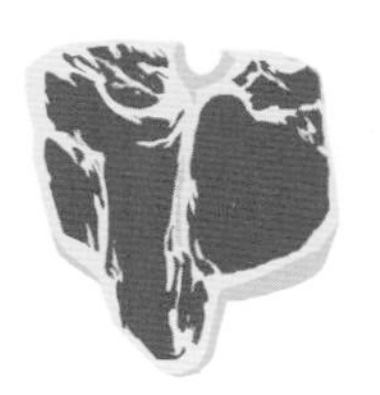

红屋牛排和T骨牛排

炭烤T骨牛排

什么是红坊/大里脊/波特豪斯牛排？

从牛身上不同肌肉组织切来的牛肉拥有不同的名字，每块牛排也有独特的外观特征和食用感受，但因为翻译不同，也给很多食客造成困扰。

实际上，红坊/大里脊/波特豪斯牛排都是红屋牛排（Porterhouse Steak）。不管名字如何多样，都无法脱离部位肉存在，我们学会认识部位，基本就不会选错。

战斧牛排
Tomahawk Steak

嫩度	Tenderness	●●●●○
风味	Flavor	●●●●○
脂肪	Fat	●●●●○

战斧牛排极具辨识度的独特外观，在餐桌上绝对可以吸引众人的目光。目前还没有明确的战斧牛排出处可寻，可能是源于这块牛排与美洲原住民斧头的相似之处，因此得名战斧。精致的大理石花纹、鲜嫩多汁的口感，附着的肋骨给这块牛排又增添了一些个性和光彩，成为令人难忘的美味佳肴，尺寸规格非常适合浪漫晚餐或者家人朋友聚会。

什么是战斧牛排

如果只是泛泛地说，战斧牛排可以理解为一块肉眼牛排加一根长肋骨。

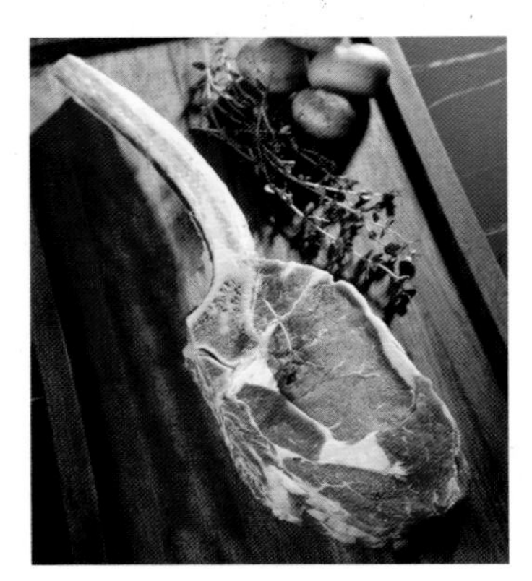

精修战斧牛排

战斧牛排取自牛肩到牛腰的第6～12根肋骨的脊排（Ribs–Prepared），由背最长肌、附着在肋骨背侧的肌肉、肋骨组成。

尽管从部位上讲，肉眼和战斧是一个部位，但仍旧存在一些差别：

1. 战斧牛排根据肋骨厚度进行切割，厚度有四五厘米，重量在850～1200克，比大部分肉眼牛排的切块宽、分量重。

2. 采用了法式修剪骨头的方法，保留了12～20厘米的肋骨手柄，看起来像斧头，也像棒棒糖。

口感与味道

战斧牛排和肉眼牛排一样来自牛脊肋处，这个部位运动量较少，得到了更嫩的肉质和更多的肌间脂肪——奇妙的大理石花纹。大理石花纹的沉积可以给牛排带来浓郁的脂肪香气，在烹饪时，可以形成对汁水和嫩度的补充。

一旁的肋骨虽然无法给牛排增添明显的、可辨别的风味和汁水，但在烹饪的过程中起到了“绝缘”的作用，在相同的烹饪时间和温度下，骨头附近的牛排熟度要比外侧低一些、嫩一些。

如何挑选

和其他的牛排挑选规则一样，先确定自己的偏好，比如产区、等级、干式熟成、冰鲜等，在自己的偏好之外，建议：

选择高等级、高大理石花纹的战斧牛排

大理石花纹这种肌间脂肪可以在烹饪时为牛排增添风味、汁水和嫩度，战斧牛排更是如此，高大理石花纹可以保证厚重的战斧在烹饪时不至于变干。

考虑骨头与肉的比例

一块战斧牛排一般足够两三个人食用，而骨头除了视觉效果，基本没有其他用处，还占据了一些重量；考虑烹饪容器的大小，煎锅、烤箱、还是户外烧烤炉，在烹饪时，要确保可以放得下。

战斧牛排的价格

牛排爱好者或许很乐意为战斧牛排支付高于肉眼牛排的价格，但也有人觉得还不如吃肉眼便宜。

如何烹饪

战斧牛排作为最具视觉冲击力的牛排之一，从厚度来看，只靠煎是不行的，需要慢慢烤。在室内可以借助烤箱，在室外烤架最适合不过。在慢烤时，可以用锡箔纸包住骨头，防止烧焦，先低温慢烤，每隔5分钟左右翻转一次，观察熟度（可借助温度计检查）。

在牛排中心还有10～15℃到达想要熟度时，先从烤箱或者烤架中拿出，包上锡箔纸醒肉10～15分钟，这可以在最后的灼烧前平均分配汁水，也可以防止烹饪完成后醒肉，使外层的焦香脆皮软化。最后可以放在温度高的烤架上或者煎锅中煎到想要的焦褐色程度，增色增香。

这个部位也非常适合做干式熟成，想体验更柔嫩的口感可以购买干式熟成21～28天的；想体会干式熟成带给战斧牛排的风味变化至少要28天以上。

在烧烤时，要做隔热处理后再抓骨头

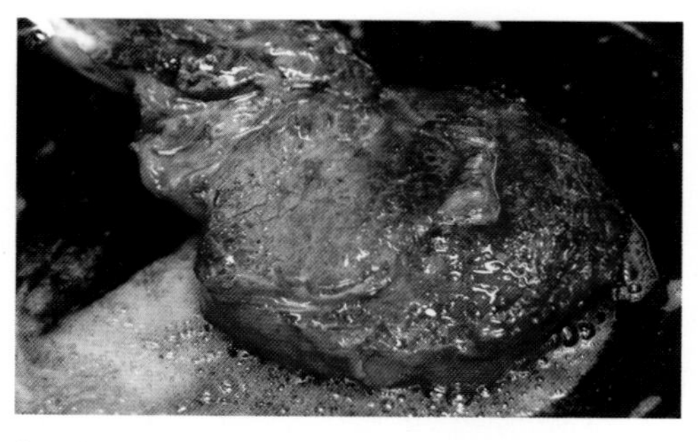

低温化开黄油，给牛排增香

× 牛排科普 ×

什么是大理石花纹

大理石花纹呈点状或条状分布

大理石花纹越丰富，吃的时候越要小份、精致，不然很容易觉得油腻

大理石花纹（Marbling/Marble），又叫油花、雪花，学名肌间脂肪，是指肌肉之间的白色斑点和脂肪条纹，之所以用大理石花纹命名，是因为脂肪的分布形状类似于大理石的花纹。

大理石花纹是澳大利亚、加拿大、美国等国家谷饲牛肉重要的评级标准之一。通常一块牛排所包含的大理石花纹数量越多、分布越均匀，代表这块牛排的食用品质越高，需要为其支付的费用也更多。

大理石花纹主要是由遗传因素和营养决定的。和牛、安格斯等特洛斯牛种产出大理石花纹的能力要比其他牛种强；谷饲牛肉的大理石花纹表现更突出，是因为谷饲饲料都是经过育肥场精心设计配比的，营养更佳。

在冷冻状态下，大理石花纹的颜色发白，随着温度升高，脂肪颜色会变得不那么明显，加热化开后更是难以分辨。

大理石花纹直接影响牛排的嫩度、风味和汁水。

肌间脂肪的增加意味着牛排中的肌肉纤维变少，咀嚼时不用用力“咬断”肌肉纤维，就可以体会到柔嫩的口感。

大理石花纹较多的牛排，加热后脂肪化开，给牛排增添了“油汁”，咬一口，浓香甘醇的汁水流到嘴里，同时，风味上也会有积极的影响，渐进的香味给了牛排爱好者最佳的进食体验。

如何分辨大理石花纹和细筋？

检查牛排的切面，大理石花纹为扎实的乳白色，一般呈点状和短条状分布在肌肉上，加热后化开变软；细筋则略微透明，一般为细长脉络，加热后口感富有弹性。

牛排竟然有血水

"天啊，一分熟的牛排有血，我可不吃!"许多人拒绝低熟度牛排都是担心"血水"，实际上，无论是生牛排包装袋中还是熟牛排渗出到盘子中的红色液体都不是血。

我们买到的大部分原切牛排都是经过加工厂加工的，不论国内还是国外，标准化程度高的加工厂在整个牛肉的加工过程中都有专业的工艺流程排清血液。所谓的"血水"其实是水与肌红蛋白的混合物，肌红蛋白就是哺乳动物肌细胞储存和分配氧的一种蛋白质，有点像我们熟悉的血红蛋白。

包装中的血水是由于牛排冷冻时，肉中的水迅速变成冰晶，锋利的边缘会刺破细胞。待到融化时，水自然会携带肌红蛋白流到外面，做切割处理也会如此。

烹饪时，外部遇热最先受到压力，如同用手慢慢发力抓海绵，外层的水分略有流失，中间聚集的水分还在牛排中，还未"醒肉"，直接切开，餐盘中就会布满水与肌红蛋白混合液，就是被误认为的"血水"。不用惊慌，其实这就是牛排带给食客优质饮食体验的汁水。

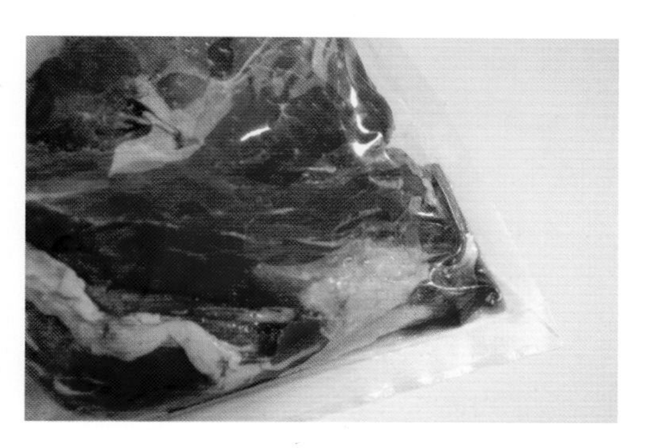

包装袋中的"血水"是水与肌红蛋白的混合液

烹饪后"醒肉"，就可以将汁水尽可能多地保留在牛排中

"血水"太多正常吗？

正常冰鲜牛肉都会在底部配有"吸血垫"，出现"血水"太多的时候并不常见；冷冻肉在解冻后，真空包装袋内含有少量红色肌红蛋白混合液属于正常现象，但如果发现大量的红色液体渗出，很可能是之前已经解冻再冷冻的流程或者分割、包装、运输的环境控温不良。

牛排变色就是变质了吗

我们对肉都有这样一条“判断标准”，鲜红色的肉比深褐色的更新鲜。但事实上，眼睛所传递给大脑的颜色，大脑对这个颜色的处理，都传递了一个错误信息，不少人被鲜艳的颜色蒙蔽，选择了质量较差的牛排。

牛排的颜色变化是由于肌红蛋白暴露于氧气中引起化学变化的结果，肌红蛋白本身是深紫色，略带棕色。当肌红蛋白初暴露于氧气时，会变成一种被称为“氧合肌红蛋白”的化合物。这时候肉的颜色更像我们所想象的“健康”的鲜红色，从牛胴体上切下的新鲜肉块就是这个颜色。

肌红蛋白中含铁，和氧气长时间接触后被氧化，形成“高铁肌红蛋白”。高铁肌红蛋白为红褐色，这也是牛肉长时间在空气中最终会变成深褐色的原因。但这并不意味着牛肉已经变质或者“太老了”。

超市中的牛排通常为真空密封包装，这样一个没有氧气的状态自然会使其颜色变深；买回家后，只要打开包装，通常3～5分钟，即可呈现你想要看到的“健康色”——红色。

暴露在空气中一段时间之后的牛排

打开包装后刚刚接触空气的上脑牛排

牛排小知识

如何判断牛排是否变质？

判断一块牛排是否变质，最直接的方法是看生产日期。可以闻一闻，如果出现明显的、刺激性的异味，就可以确定是过期了；也可以用手抚摸，如果牛排表面有黏液或者黏稠感，也要小心对待。

不熟的牛排有细菌和寄生虫吗

有很多人说过："牛排只敢吃全熟。""害怕有寄生虫，我可不敢吃生牛排。""不全熟吃不下，担心细菌。"如果从个人口味的角度讲，牛排的最佳熟度是没有标准答案的，无论什么牛排，几分熟，总会有人提出不同熟度的牛排更好吃。但如果是因为担心细菌和寄生虫而错过了更嫩、更多汁的牛排，就可惜了。

细菌

我们每个人每天都和大量的细菌和微生物共存，据科学统计，成年人身上的细菌大概是100万亿个——大约是一个人全部体细胞的10倍，所以大可不必"谈菌色变"。

在食品加工或者烹饪时想要做到"零细菌"几乎是不可能的，细菌危害人类健康需要一定的数量。要保持健康，我们并不需要让细菌完全消失，只要杀死绝大多数就可以了。就以导致腹泻的大肠杆菌和引起食物中毒的沙门氏菌来讲，它们分别存在于动物的肠道和表皮，而不是肉中。在屠宰过程中，由机器协助人工反向卷皮将牛皮剥落，牛皮外侧会减少与胴体触碰；牛皮与胴体之间还有一层结缔组织作为保护，由手工剥离；而大部分内脏由腹膜包裹，可以想象从牛肚子里拿出了一个装着大部分器官的密封袋，产生了阻隔的作用，减少细菌污染牛胴体。

真空包装的牛肉

我们买到的牛排大部分为冷冻牛排，少部分为冰鲜牛排。不论是哪一种，在屠宰加工厂的加工过程中都会保持在0 ~ 8℃，冷冻肉在分割后会进入-40℃的急冻车间，之后在-18℃的环境中储存，这个环境不适合细菌滋生。

冰鲜肉或冷鲜肉则是在4℃以下保存，而大部分细菌在4℃以下生长非常缓慢。

屠宰后出厂的牛肉产品多使用真空或者贴体包装，具有高阻隔性，防止外部细菌入侵，也抑制了好氧细菌的繁殖。

无论是正关进口牛肉还是国产牛肉去往分销都由正规冷链低温运输和储存，你可能又产生疑问了："经销商或零售商在分切牛排时也会沾染细菌吧？"

确实没有无菌环境，包括我们自己家里的厨房，这里就要说说细菌是怎么被"杀"

死的：135℃以上的温度保持几秒钟，细菌（以及细菌芽孢）就可以彻底被杀光了。2004年，英国诺丁汉大学做了一项研究，他们将一块新鲜牛排故意沾染大肠杆菌，然后烹饪至一分熟，得出的结论是仍然可以安全食用。沾染的细菌主要存在于牛排表面，不会渗透到内部，在烹饪的过程中，高温会杀死它们。

一般而言，超过60℃细菌就难以增殖，温度越高，死得越快，煎牛排时锅表面温度通常达到200℃甚至更高，几秒就可以消灭细菌了。

低温慢煮有些特殊，把一些食物的温度定在60℃以下，那可能就达到了食品温度的“危险区”，不过在足够的时间下，一些病原体也会被“杀”死。如果是免疫力低下人群应该谨慎，可以选择先高温煎制牛排，再放入低温慢煮箱，烹饪完成后，再复煎获得焦香外壳。

但，以上说的不包括热鲜肉、深加工牛排、非正关进口牛肉。

- 热鲜肉经过屠宰加工、卫生检查后没有降温处理，可能在运输和售卖过程中被细菌污染。因此不适合做低熟度牛排，但用于潮汕牛肉火锅，采用全熟的吃法绝对没问题。
- 深加工牛排包括拼接合成牛排、调理牛排，需要碎肉重组，放入复杂的食品添加剂，会加大沾染细菌的风险，需要全熟。
- 非正关进口牛排不用多说，没有经过任何质检，整个饲养、生产、运输、储存流程都没有可追溯性和食品安全保障。

寄生虫

寄生虫，作为比细菌更“高级”的生命，寄生时会影响寄主的行为，以达到让自身更好地繁殖生存的目的。因此寄生虫的管理在肉牛的初始阶段——牧场与加工厂期间十分严格。

在牧场阶段，寄生虫会通过粪便传播，牧场主会通过各种方式降低感染率：将牧场围栏，动物每隔几天轮换到一个新区域放牧；使用饲料容器喂食，而不是撒在地面上；消毒清洁地面、饲料桶和水桶；定期体检、驱虫；被感染的动物会单独隔离治疗。

煎锅高温杀菌

低温慢煮菲力牛排

在加工厂，活牛被送来后，都会经过屠宰前检验，对疑似病牛进行筛选、淘汰或隔离；屠宰后，胴体和内脏都有专门的人员检查，只有检验合格的胴体和内脏才可以盖章进入市场。进口牛肉还会再经过当地肉类检查部门的审核以及国内海关检查检验，才可以实现交付。

寄生虫在耐高温能力上比细菌差远了，能杀菌的温度都可以杀死寄生虫。

既然如此，我们就可以放心地吃低熟度的牛排了，但要注意：

确保自身免疫力系统完好

细菌和人类绝大多数是共生关系，一般情况下是处于平衡状态。如果我们机体抵抗力较好，致病菌的进攻被压制，人体即可健康。这也就是为什么有的人感冒能不药而愈，有的人却“病来如山倒，病去如抽丝”。免疫力差的人不建议吃“生”牛肉。

确保正规购买渠道

正规的购买途径可以保证牛排的质量、卫生和新鲜度。热鲜肉、深加工牛排、非正关进口牛肉建议全熟。

确保烹饪环境卫生

防止生熟交叉感染，夹过生牛排的夹子，摸过生牛排的手需要清洗后再触碰熟牛排；提高烹饪牛排锅具的表面温度。

牧场和育肥场都会在前期确保肉牛的健康

免疫力低下的人群不建议食用低熟度牛排

牛排泛绿光是变质吗？

在牛肉的新鲜度和购买途径有保证的情况下，分切时会看见类似彩虹似的光泽，或者是有点金属绿光，这是正常的现象。因为牛肉本身含有矿物质等微量元素，被光线折射后，就会有金属光泽的色彩，最容易出现的部位是牛腱子。只要确认牛排没过期，表面不发黏，没有异味即可食用。

牛排的等级怎么看

美国牛肉等级最高级是“极佳级（Prime）”，澳大利亚牛肉等级通常从M0～M9，A5等级可以说是日本和牛中的极品……这些就是不同国家对牛肉进行评级的牛肉分级系统，一般指标包括：肉色、脂肪颜色、成熟度、肌肉质量、大理石花纹评分等。一个全面的评估和分级在为食客提供一致的饮食体验的同时，也为不同烹饪需求提供了多样性的选择。

下面介绍不同谷饲主产区的牛肉分级体系。

全球谷饲牛肉等级对比图

大理石花纹标准	1	2	3	4	5	6	7	8	9	10	11	12
日本	A1	A2	A3		A4			A5				
澳大利亚	M1	M2	M3	M4	M5	M6	M7	M8	M9+			
美国	Select	Choice		Prime								
加拿大	A	AA	AAA	Prime								

澳大利亚

澳大利亚谷饲牛肉通过牛胴体的大理石花纹标准、肉色、脂肪色、生理成熟度、最终pH、耆甲高度、背膘厚度来评定牛肉等级。在选购牛排时，我们会看到标签上写有：

谷饲时间

谷饲时间一般为宰前评级，是澳大利亚比较常见的评级方法。谷饲时间越长，牛排等级越高，价格越贵。谷饲牛所食谷物能量越高，时间越长，其肉质越嫩滑，汁水越充盈，大理石花纹越丰富。国家育肥场认证系统（NFAS）认证的谷饲牛肉最低为谷饲70天。谷饲80～200天的安格斯牛肉在我国市场比较常见。

大理石花纹标准

大理石花纹标准为宰后评级。为牛排标签上M后的数值，例如“澳洲进口M5肉眼牛排”。M后的数值越大，牛排等级越高，价格一般越贵。MSA和AUS-MEAT两个机构根据不同标准来划分大理石花纹等级，官方从M0～M9（也有M9+），可同时使用。

具体等级（齿龄）

澳大利亚还会使用齿龄对胴体进行分级描述，粗略分为小牛肉（V），牛肉（A）和公牛肉（B），具体可以分为11个等级：

牛肉具体等级（齿龄）

代码	类型	月龄
YS	周岁阉牛肉 YEARLING STEER	18 月龄 以内
Y	周岁牛肉 YEARLING BEEF	18 月龄 以内
YGS	青年阉牛肉 YOUNG STEER	30 月龄 以内
YG	青年牛肉 YOUNG BEEF	30 月龄 以内
YPS	中青年阉牛肉 YOUNG PRIME STEER	36 月龄 以内
YP	中青年牛肉 YOUNG PRIME BEEF	36 月龄 以内
PRS	中年阉牛肉 PRIME STEER	42 月龄 以内
PR	中年牛肉 PRIME BEEF	42 月龄 以内
S	母牛肉 OX	42 月龄 以内
S 或 SS	公牛肉或阉牛肉 OX 或 STEER	年龄 不限
C	奶牛肉 COW	年龄 不限

“YG”及更年轻的牛肉肌肉嫩度佳、肉色浅，但牛肉风味轻，更适合调味食用；以“PR”为分界线的中青年牛肉更适合做牛排，嫩度适中，风味浓郁；而之后的三个等级，虽然保持了浓郁的牛肉风味，但嫩度不足。

加拿大

加拿大优质牛肉评级基于多个牛肉特征，包括嫩度、肉色、脂肪色、肌肉度、脂肪质感、脂肪厚度、肉质感和油花度。

加拿大牛肉等级评定特质

标准	评级	特质
屠体 成熟度	年轻	年轻的成熟度可以提升肉的嫩度和综合口感
肉色和 脂肪色	鲜红、 不允许 有黄色	鲜红的肉色和白色的脂肪代表肉的品质和新鲜程度
屠体 肌肉度	良好或 更好	良好的肌肉度能提升出肉量
牛肉 质感	结实	结实的肉质有利于咀嚼时口感的良好体验
脂肪质感 和分布	结实且 均匀	结实且均匀的脂肪可以最大程度提高牛肉的食用品质
油花度	稍多量、 少量、 较少量、 极少量	根据油花的分布、含量和大小来评级，从而确定Prime，AAA，AA，A

前四名分别是Prime，AAA，AA，A，代表了加拿大优质牛肉，并占90%左右的产量。这四个等级中，除了大理石花纹程度不同，其他指标完全相同。Prime级在加拿大产量极少，因此在我国也看不到。国内最常见的就是AAA和AA等级牛肉。选牛排的话3A是最好不过的。

日本

日本牛肉的评分基于两个因素：产量和等级。

产量：按照牛胴体牛肉产量比例由高到低分为A/B/C。

等级：按照牛大理石花纹评分（BMS）、牛肉颜色标准（BCS）、牛肉脂肪标准（BFS），嫩度和质地由高到低评分为5、4、3、2、1。

由两个指标综合评定，A5代表了日本牛肉的最高等级。这个等级适用于所有的日本牛肉，而不单单指我们所熟知的和牛。

日本牛肉等级

肉质等级	产量等级		
	A	B	C
5	A5	B5	C5
4	A4	B4	C4
3	A3	B3	C3
2	A2	B2	C2
1	A1	B1	C1

除了看等级标签外，同样可以根据大理石花纹的程度来判断日本牛的等级，也就是大理石花纹评分（BMS）、霜降等级。

美国

美国基于牛肉的风味、嫩度和多汁性，通过大理石花纹的细密程度和成熟度，把牛肉分为极佳级（Prime）、特选级（Choice）、可选级（Select）、合格级（Standard）、商用级（Commercial）、可用级（Utility）、切块级（Cutter）和罐头级（Canner）这八个等级。通常极佳级（Prime）、特选级（Choice）、可选级（Select）会做牛排食用，前五个等级用作零售，后三种用于再加工；等级越高代表牛的大理石花纹越多，年龄越小，牛肉越嫩、越多汁、风味越好，价格越高。

美国牛肉等级

等级	特征	用途	大理石花纹
极佳级 Prime	优质谷饲青年牛，约占产量5%，丰富的大理石花纹，肌肉嫩度高，汁水充盈	酒店 牛排馆	
特选级 Choice	高品质牛乳，约占产量65%，大理石花纹低于极佳级	商超 餐厅	
可选级 Select	大理石花纹较少，脂肪含量低，嫩度和多汁性有所欠缺	商超 餐厅	

大理石花纹（肌间脂肪）作为等级的主要划分条件，在牛排上表现比较明显，我们在日常挑选牛排时可用作参考。最直观的方式是看产品标签和包装，会带有“USDA PRIME”“USDA CHOICE”“美国进口PRIME”等字样。

不论是在餐厅还是商超能选择到的美国进口牛排等级通常是特选级（Choice）、可选级（Select）较多，这两个等级一般在零售市场比较多见，品质与价格优势兼具；极佳级（Prime）非常少，属于高端牛排行列。

什么是雪花牛排？

雪花牛排并不是经典牛排切块，只是商家的销售关键词之一。

我们通常说的牛排是指直接切自牛身上肌肉、脂肪，甚至包括骨头的切块，雪花则是指大理石花纹，也就是牛排的肌间脂肪，大理石花纹越细密，牛排的等级越高。

雪花牛排让消费者从字面意思很容易理解为“质量好的、可以用作牛排的牛肉”，但实际上，并没有介绍影响牛排口感和风味的部位、等级等因素。在挑选牛排时，还是要学会分辨部位，认识其特性，毕竟和牛的牛臀肉也可以是雪花牛排，但是，无法和M3的肉眼牛排嫩度相比。

如何辨别原切、调理、合成牛排

原切菲力牛排

整切 / 调理牛排

合成牛排

为什么有的牛排上百元，有的几十块钱，这里，我们不妨聊一聊怎么分辨原切牛排、调理牛排与合成牛排。

什么是原切牛排、调理牛排、合成牛排

原切牛排：直接从牛部位肉切下来的牛排。

整切/调理牛排：给牛某部位肉切片后，加入黑胡椒、淀粉、香辛料等进行腌制调理，达到增味、增重、增嫩度的效果。

合成/重组/拼接牛排：牛碎肉加入卡拉胶、TG酶等食品添加剂调理，起到给“新牛排”保水、保鲜、护色等作用，常常命名为儿童牛排、黑胡椒牛排等。

如何区分

可以从参数配料表和牛排本身两个方面来分辨。

参数与配料表

无论是线上还是线下，原切牛排的参数或者配料表只有牛肉或者牛排部位的名称；而被深加工过的牛排原料除了牛肉，通常后面还跟了一串调味品和食品添加剂。

产品参数	
牛排加工工艺	原切未腌制
生鲜储存温度	-18°C
片数	9片
饲养方式	谷饲
牛排厚度	薄切 (<2.5cm)
牛种	安格斯牛
厂名	
厂址	
厂家联系方式	
配料表	牛肉

原切牛排电商配料表

产品参数	
牛排加工工艺	整切调理
生鲜储存温度	-18°C
片数	10片
产品标准号	
厂名	见包装
厂址	见包装
厂家联系方式	
配料表	牛肉、水、植物油、淀粉、洋葱、大蒜、食用盐、白砂糖、味精、黑胡椒粉、香辛料、酿造酱油（含焦糖色）等
储藏方法	冷冻保存

整切 / 调理牛排电商配料表

产品参数	
牛排加工工艺	调理合成
生鲜储存温度	-18°C
片数	10片
产品标准号	
厂名	见包装
厂址	见包装
厂家联系方式	
配料表	牛肉、水、香辛料等
储藏方法	冷冻保存
保质期	365

合成牛排电商配料表

线下购买时也可以在包装上查看配料表。

如果电商平台在介绍中没有写明，也可以直接咨询客服。

看、闻、摸

不论是在线上还是线下购买，不要迷信包装和宣传图，可以通过感官分辨：

感官判断原切牛排与调理/合成牛排

判断依据	原切牛排	调理 / 合成牛排
肌肉颜色	冷冻牛排通常为暗红色，冰鲜牛排为鲜红色	棕褐色
脂肪特征	肌间脂肪呈点、条带状分布，颜色为奶白色或黄色	注脂牛排脂肪呈纤维网格状，颜色为中黄色或无脂肪
形状	不同牛排部位有独特的外貌特征	合成牛排轮廓整齐，通常为大小不一的圆形
肌肉纤维	同一块肌肉纤维走向一致且明显	走向杂乱或不明显
味道	自然的牛肉风味，高等级谷饲带奶酪或奶香味	明显的调味料风味
口感	明显的咀嚼感	有弹性，类似香肠
触感	有纹理感，按压短暂下陷后回弹	有黏腻感，按压坚实有弹力，合成牛排易断、易撕开

价格

深加工牛排比原切牛排便宜很多。

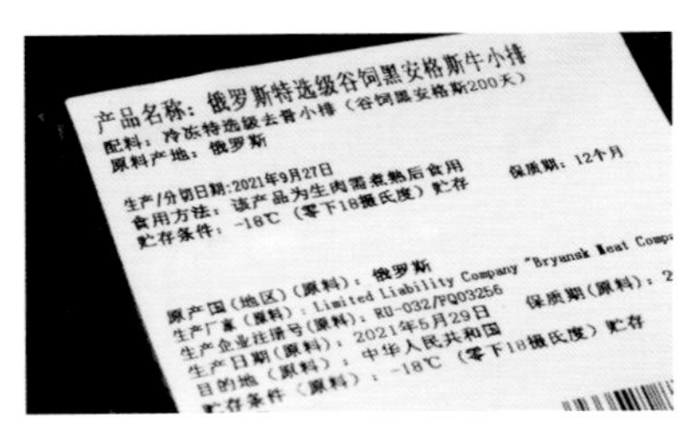

线下商超原切牛排

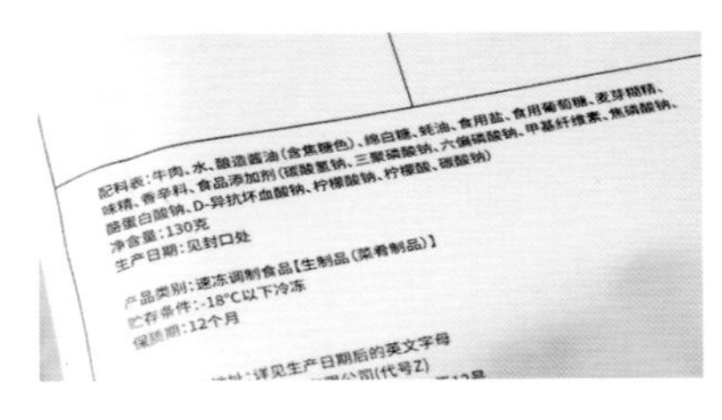

线下商超整切 / 调理牛排

线下商超合成牛排

调理、合成牛排到底能不能吃

在符合食品安全标准的条件下，调理和合成牛排是可以吃的。

食品添加剂中含有很多酸性物质，难以吸收并影响身体的新陈代谢，所以认准具有安全质量保证的品牌很重要。在标准规定的限量内使用卡拉胶，不存在食品安全风险。但注意，烹饪时一定要全熟。

手里的这块牛排是否好吃与是否是原切没什么必然联系，但不论是选择原切还是调理或合成牛排，一定要把健康放在第一位。

牛小排是合成肉吗？

由于牛小排的形状狭窄，一般加工厂包装时会把两块包装在一起，零售商纵向分切销售，其实从中间的脂肪带分开是两块。两片包装在一起，肉和脂肪会自然粘在一起，解冻后，两片就分开了，并不是重组肉。

牛排的熟成

干式熟成

提起干式熟成，很多人自然而然地会将它与牛排紧密地联系在一起。干式熟成可以追溯千年。在冷藏技术还未发明之前，干式熟成就像烟熏、腌制一样，是肉类保鲜的方法之一。

1655年，欧洲最伟大的画家之一伦勃朗（Rembrandt）在他的画作中就展现过把屠宰后的牛挂在木架上熟成的痕迹，直到20世纪70年代，真空包装的发明才开启了湿式熟成的历史。湿式熟成成本低、效率高，很快被商家所接受。

什么是干式熟成

为什么要熟成呢？牛在屠宰后的几个小时里，糖酵解作用的代谢物乳酸会显著影响肉的酸碱度、持水力、嫩度、肉色、口感等肉质指标。熟成可以让牛肉从内部发生变化，提升肉质的嫩度、风味及汁水量。

在现代，干式熟成是将一块牛肉放入受控的环境中进行质感和风味的转变，是一个有机的过程。在干燥而形成深褐色硬皮上可能落有霉菌或者酵母菌，但不用担心，这就好像科学实验一样，将丑陋的外层切掉，里面仍然保持湿润。肌肉呈现好看的红色，同时天然酶会随着时间缓慢分解肌肉，这所有的一切都是为牛肉的风味和嫩度服务。

干式熟成牛排与普通牛排的区别

外形

干式熟成牛排外皮呈棕褐色，由于脂肪比肌肉保留了更多的水分，肌肉部分收缩，脂肪变得明显，长时间熟成的牛肋骨有类似蓝纹奶酪的斑纹。切除外层干燥的牛肉后，熟成牛排内里颜色比普通牛排更深，用手指稍微施加压力，就会留下指印。这也是挑选干式熟成牛排的一个方法。

烟熏肉

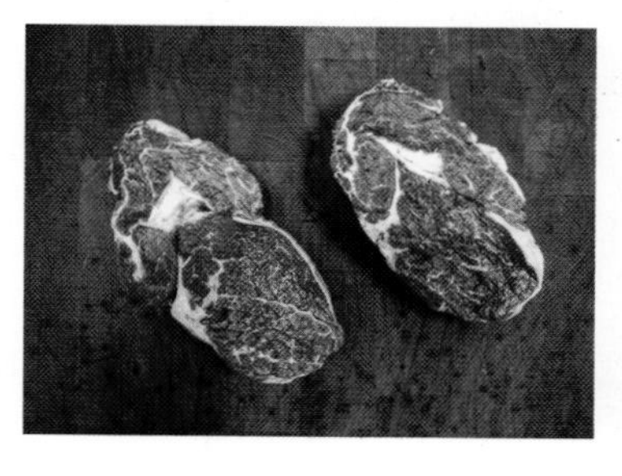

干式熟成牛排颜色更深

气味

风味变化是由许多生化反应引起的，短时间熟成的肉基本不会有明显变化，长时间熟成后肉会带有坚果奶酪香气。

肉质

干式熟成过程中，肉中天然存在的酶分解坚韧的肌肉纤维和结缔组织时，肉就会发生嫩化。切割或者品尝时，都能感受到干式熟成牛排在嫩度上更胜一筹。

味道

水分减少，天然酶开始分解蛋白质、脂肪和碳水化合物，促进产生氨基酸、脂肪酸和糖原。氨基酸中的谷氨酸钠等调味剂使得牛肉在熟成的过程中充满强烈且独特的风味。

适合干式熟成的牛排部位

在干式熟成的王国里，眼肉绝对能坐上头把交椅。任何一间做干式熟成牛排的餐厅菜单上都有一块能让大理石花纹充分展现魅力的肉眼牛排。西冷牛排、菲力牛排、T骨牛排、红屋牛排在激烈的牛排竞争中也纷纷脱颖而出。

肉眼牛排一面是肋骨，一面是背部脂肪，可以抑制水分流失，减少损耗

在干式熟成时，脂肪盖和肋骨的保护越多，最后得到的效果越好，肋骨和脂肪盖都有效地抑制了水分的流失。部位切块足够大，剔除干燥部分，剩下的牛排切块仍旧新鲜，大小和普通牛排几乎一样。

干式熟成的条件

干式熟成的熟成空间必须严格遵守卫生和储存规定。

干式熟成牛排熟成条件

项目	熟成条件	控制因素	原理
温度	0 ~ 4℃	防止肉变质	温度过高，储存过程中会形成有害病原体；温度过低，酶无法起作用，肉无法进行熟化
湿度	60% ~ 90%	减缓水分抽离，防止汁水浪费	湿度过高，发霉的可能性增加；湿度较低，干燥的部分会增加
通风	0.5 ~ 2米/秒	空气流动有助外表干燥	不通风，细菌繁殖过快使肉变质；交换量过高，氧化过快，肉会变干

一块优质的干式熟成牛排一定来自一个拥有良好通风、精确控制温度和湿度的地方。这个地方通常是交织着牛肉香气和奶酪芬芳的干式熟成柜或者干式熟成室。

干式熟成的时间与变化

著名美食评论家杰弗瑞·史坦嘉顿是干式熟成牛肉的支持者之一，他曾在采访中表示："20世纪90年代，在全美国最好的100家牛排馆里，只有三家会提供熟成超过2周的牛排，一些主厨对熟成4～6周的味道感到沮丧。人们并不喜欢这种味道。”

这也许有一点儿令人惊讶，但口味没办法用时间来衡量。即使很多人会追求熟成时间，欣赏时间的沉淀，并把那种香气形容为“奶酪、烟熏又或者带有一些辛辣感”，但有的人也会只用一个字来归纳那种久经时间的味道，就是——臭。

干式熟成对牛排风味和口感的影响可以参考下表。

干式熟成时间对牛排风味、口感的影响

时间	风味	口感
2～4周	变化不明显	肉质明显变嫩
4～6周	牛肉风味变集中且厚重	嫩度与第4周相比变化不明显 汁水减少
6～8周	强烈的奶酪混杂风味	嫩度有微弱提升 汁水明显减少

如果熟成8周或者更长的时间，你闻过世界三大蓝纹奶酪之一斯蒂尔顿奶酪的味道吗？

目前在国内，大部分餐厅会提供2～4周的熟成牛排。但至少要14天，才能感受到干式熟成带给牛排嫩度的变化；4～6周，才能体会干式熟成独一无二的风味魅力。

在家试验干式熟成

商超很少会有干式熟成牛排售卖，在网上买又不放心，是否可以在家进行？完全可以，但不建议。吃货的好奇心，成功后的满足感和餐厅的高价都在鼓励着我们自己尝试，但建一个私人熟成室确实有一些困难。有几种在家做干式熟成牛排的流行办法都存在弊端。

熟成柜

最科学的方式，买一个熟成柜。根据个人喜好选择一块牛肉，将它悬挂或者放置在熟成柜中，首选的湿度设置为50%～85%，温度在1.5～2℃。即使不做熟成，也可以用来给酒水、瓜果蔬菜保鲜。但这对普通家庭来讲成本太高，熟成柜容易闲置。

干式熟成袋

棉布和纸巾包装的方法无法和干式熟成袋相提并论，所以省略不说。干式熟成袋适合小块肉和单片熟成。原理是“只出不进”，水分可以从袋子析出，同时细菌和水分又进不去。但这几个问题必须要考虑：牛肉放进熟成袋时，如何保证无菌？家用真空机是否能保证牛肉处于密封状态？湿度如何控制？

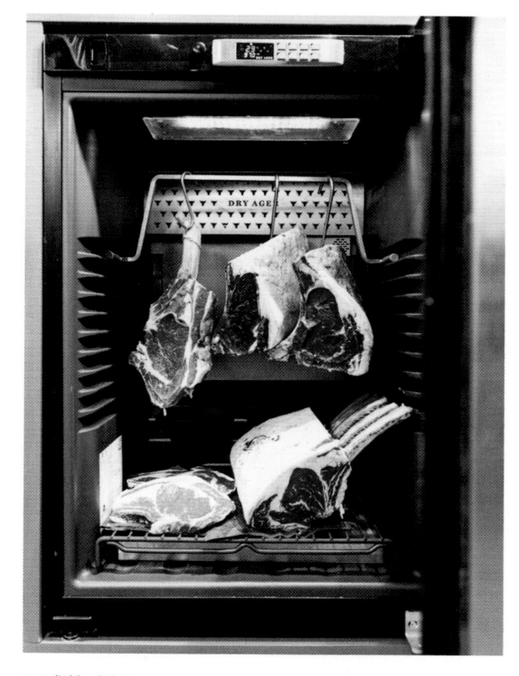

干式熟成柜

冰箱

需要准备独立的冰箱空间、小风扇、垫高的金属网架和专用的高质量温度计。在冰箱中收拾出一个独立的空间（与其他食物共用冰箱意味着牛肉可能会吸收这些味道，并且让你失去对冰箱湿度的把控）。带上干净的手套，把牛肉的外表用厨房纸拍干，脂肪朝上放在金属网架上，放入小风扇，这使得牛肉的各个面都可以空气流通。冰箱法一定要注意放入专用温度计确定温度，不要相信冰箱本身带的温度显示表；要耐住寂寞，不要总打开冰箱门观看，每一次开门都会改变环境，会带来细菌。

干式熟成牛排为什么贵

因为没办法量产以及生产成本高，并且需要时间和具有精确仪器监控的储存空间。或许从某种角度上来说，我们吃的是“时间”和“心血”。

当然也有水分流失和外表修剪导致的重量损失，熟成21天左右时，水分流失导致的重量减少以及修割会造成30%的损失。

目前，干式熟成牛肉主要用来做牛排。因为熟成过，不需要过多的调味品或者酱汁，只需要一点点盐和黑胡椒就好，干式熟成牛排本身的风味就够了。

干式熟成短肋骨肉眼牛排

什么是排酸？

牛在屠宰后血液流失，肌肉会进入“僵直期”，此时会产生大量的乳酸，肉的酸碱度发生变化，影响牛肉风味和口感。在受控的环境下，将牛胴体吊挂24～48小时排酸，等待僵直期结束，肉的酸度变低，肌肉松弛。

有些零售商在卖牛排时会强调“排酸”的概念，实际排酸工艺流程是发生在加工厂，在线上线下买到的冰鲜或者冷冻肉基本都会经过这个工艺流程。

湿式熟成

湿式熟成作为一种牛肉的熟成方式，常常与干式熟成对比出现。这种把牛肉放进真空包装袋内，靠牛肉本身的汁水，让其在特定的温度、湿度、时间下存放，随后发生熟化的过程就是湿式熟成。

湿式熟成作为美国和英国牛肉的主要熟成方式早就不是一个新概念，在国内也似乎是"卓越品位"的典型代表之一。拥趸们自然乐此不疲地给湿式熟成牛排赋予高品质牛排的标签，但在牛排专家和另一些食客口中不乏质疑之声："湿式熟成牛肉是伪概念，是因为只要经历过真空包装运输的冷鲜牛肉，都可以被认为是湿式熟成牛肉，其中并无复杂的处理工艺。"

其实湿式熟成牛排的原理大家都知道：牛肉在冷藏过程中，天然存在的酶仍具有活性去分解蛋白质，在蛋白质的分解和重建过程中，牛肉在质感和口味上发生变化，直至将肉冷冻或者煮熟。除了"真空包装""冷藏"这两个限定条件外，没有具体的冷藏温度、湿度范围标准，这也难怪会有"湿式熟成等于冰鲜牛肉"的推论。

湿式熟成牛排

真空包装可以使牛肉免受细菌的侵袭，在0 ~ 5℃的冷藏条件下，酶的分解作用一般持续四五周，这个时间也就是牛肉湿式熟成时间。当然酶的分解作用时间还可以更长，但对肉的影响就微乎其微，几乎可以忽略不计。

嫩度才是唯一撒手锏

美国肉类出口联合会在对比干式熟成与湿式熟成可识别差异时表示，他们的嫩度都有提升，但在风味方面，干式熟成牛肉会具有浓郁的坚果香和牛肉香，而湿式熟成牛肉在风味上没有变化。

湿式熟成与干式熟成对比

项目	湿式熟成	干式熟成
嫩度	增加	增加
风味	无变化	强烈的坚果与牛肉香

研究人员选取牛的胸部，在1℃进行20天、40天和60天的湿式熟成，同时进行的还有在2 ~ 4℃、65% ~ 85%的湿度条件下的干式熟成，对比这两种熟成方式对牛肉质量和风味的影响。

实验结论得出，两种熟成方法随着时间

的增加对胸部肌肉的嫩度和汁水都产生了有益的作用，嫩度变高，汁水变多，这和食客的感受大致相同，特别是在刚过20天时，湿式熟成的嫩度要大幅高于干式熟成。

至于风味，有些食客认为，牛排在它本身的汁水，也就是肌红蛋白的混合液中熟成，吃起来口中会有金属或者酸味等微妙的味道。研究也提出两种熟成方法都随着时间的推移而提高了牛肉中风味化合物的浓度和总量，干式熟成的风味变化更加明显。当然每个人的味道记忆点不同，湿式熟成究竟是更鲜美还是带有酸度回味，每个人有自己的准则。

关于湿式熟成牛排的问题

湿式熟成天数越多越好吗?

根据牛肉加工厂的卫生条件不同，冷藏状态下牛肉的保质期最多为4个月左右。酶的分解作用最多四五周，基本在20～30天时作用最大，湿式熟成21天、28天都是不错的选择，再多的时间不会带来可以感知的明显变化。

冷冻肉可以湿式熟成吗?

湿式熟成过的牛肉可以冷冻；冷冻肉可以熟成，但不一定适合做湿式熟成。目前，可以买到在加工厂进行湿式熟成后再急冻运输到国内的牛肉。嫩度肯定比直接冷冻要好，汁水对比冰鲜牛肉有所损失。但包装后直接急冻的牛肉或者急冻再缓化后的肉适不适合做湿式熟成尚无定论。一般在-18℃（冷冻肉的保存温度）酶的活性遭到抑制，酶促作用无法影响肉质；但解冻后的牛肉，酶仍旧有活性，在经历水分流失、蛋白质变性、脂质和蛋白质氧化、微生物腐败等变化后，熟成后是否比熟成前的体验更好尚不能下定论。

购买时可以查看进口原标签上是否有“AGED”字样，如果有则代表在加工厂熟成过，或者直接购买冰鲜牛肉，在运输过程中也会发生熟化过程；如果没有，而是“-18℃冷冻”字样，那这就是块冷冻肉，商家如果解冻后再进行熟成，要不要为此付费，可以先尝试再决定。

是否可以买国产新鲜牛肉在家熟成?

如果牛肉加工厂、包装条件、运输环境都经不起推敲的话，不建议这么做，细菌会在熟成完毕之前让你的肉腐烂。

购买湿式熟成牛排要选择的部位和等级

等级高，大理石花纹丰富，肉质软嫩的部位本身不需要湿式熟成，作用不大，不用为此买单。

干式熟成和湿式熟成怎么选择?

这是个人偏好问题。在美国内布拉斯加州牛肉理事会和内布拉斯加州立大学的联合研究中显示，在对牛排的盲选测试中，消费者对牛排的嫩度、汁水、风味更感兴趣。如果你更在意嫩度，在熟成21天或28天左右，可以选择湿式熟成牛排，性价比较高；如果更倾向于有深度的风味和嫩度相结合，就选择干式熟成。

湿式熟成西冷牛排

× 牛排的烹饪与品鉴 ×

牛排解冻

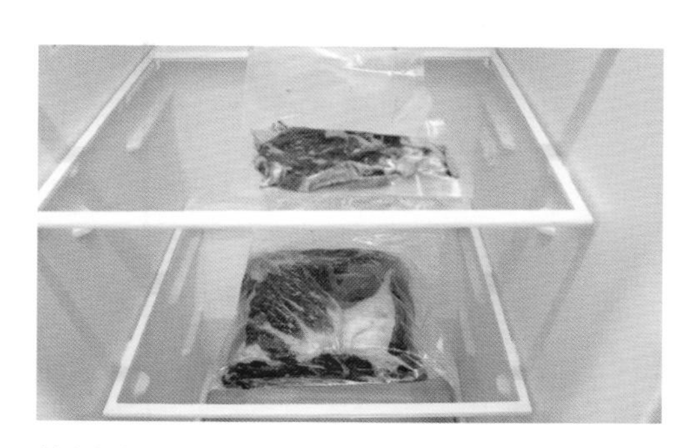

放在保鲜层解冻

水解冻

5~60℃是细菌的温床，如果把一块牛排的包装拆开，放在这个温度中自然解冻，就会增加细菌侵入的风险。

目前最安全、最简单的解冻牛排方式就是提前把牛排从冷冻室拿到保鲜层。不用拆开牛排本身的真空包装，把它平放在冰箱保鲜层，冰箱恒定的低温在解冻牛排时可以防止细菌入侵，不会破坏牛肉的味道和质地，同时能保留住牛排的汁水。

根据牛排的厚度，完全解冻需要的时间也不同，大部分的切块需要12~24小时，厚切牛排需要30小时左右。在这个过程中，你可以把牛排拿出来摸一摸、戳一戳，检查牛排外部是否有结冰，中心是否柔软。

如果想更快一点儿，可以把牛排放在铝制餐具上，再放入冰箱，铝制品可以快速均匀地"加热"牛排。

如果想要更快速的方式，只需给牛排加上一个密封防漏的袋子，然后再放进装满冷水的容器里，每隔20~30分钟更换一次冷水。使用此方法，牛排可以在两三个小时内完全解冻，3厘米以上的切块要花费三四个小时。

还有一种比较快的家庭解冻方法就是用微波炉。微波炉的解冻功能看似非常方便，但很难掌握合适的时间和温度。牛排是对温度反应比较大的食材，如果解冻时间过长，牛排很容易失去汁水，另外一不小心牛排周边就熟了，这会让你在烹饪时很难掌握熟度。所以在使用微波炉解冻时，一定要频繁检查牛排的缓化程度。

除了这些，还有没有更简单的方式？当然！美国实验厨房做过一个实验，直接将冷冻牛排进行烹饪，在相同条件下，解冻过的牛排外皮边缘会有深棕色的煮熟层，而冷冻的没有；冷冻牛排比解冻过的可以少损失9%的水分。但越是简单的烹饪方法对厨师的要求也就更高，如果你自认为不是一个优秀的厨师，还是不要轻易尝试这个方法。

牛排腌制

很多人认为，如果有一块完美的牛排，不用调味也会获得完美的味道，调料、酱汁会毁了一块牛排。其实不然，调味品可以给牛排增添香气、平衡味道、增加嫩度，有助于重新排列牛排中富含蛋白质的汁液，在美拉德反应下形成焦香的外皮。

调味品的选择

每个人的口味不同，不同的味道会带给人不同的感受。单一的调味可以展现牛排最原始的味道；而多种调味料混合，可以让牛排的风味得到延伸，开启另一重享受。所以可以选择盐和黑胡椒的简单配搭，也可以选择牛至、欧芹、洋葱、蒜末、盐、胡椒、柠檬汁、红酒醋、橄榄油、辣椒粉等混合而成的调料。

有些人认为，用一点盐做极简调味可以使牛排的味道变得更好。但不论是为了牛排口感嫩滑还是增加风味，都不建议选择食用盐。食用盐的颗粒较小，对牛排产生的影响也小，而且很容易分布不均匀。而粗盐能真正在牛排上发挥作用，分解其中的蛋白质，带出牛肉的味道。

黑胡椒也是一款“称职”的牛排调味品。有人认为烹饪前加入黑胡椒，它会在锅中燃烧变黑且煳，不如在烹饪过程中或者吃之前拿起研磨器加入。但这不是绝对的，黑胡椒颗粒在锅中加热也可以产生新的风味。

腌制的时间

不同的腌制时长对牛排的影响不同。

腌制40分钟以上：大部分汁水已重新吸收到牛排中，随着时间延长，盐水逐渐深入肌肉组织中，给牛排增添了调味效果。

腌制10～15分钟：盐溶解在牛排中，改变了细胞外的浓度，使细胞内的水分析出，也就是盐的吸水性，使牛排损失汁水。

腌制3～4分钟：盐开始渗透，从牛排中抽取汁液，牛排损失汁水的同时，表面的珠状液体蒸发，美拉德反应受到抑制。

即将烹饪时：盐在表面未化开，牛排所有的汁水仍旧保留在肌肉纤维中。

当然，如果你只是为了调味，而不用盐去影响肉质和口感，那完全可以在烹饪结束后用盐调味。

加盐腌制40分钟以上或者在冰箱中腌制过夜的牛排确实更好吃，腌制完成时你会觉得牛排表面有些干，但这只是表面现象，牛排的内里仍旧充满生机。牛排在冰箱中腌制时损耗的水分和烹饪时蒸发的水分比起来微不足道，经过时间的酿造，牛排会更美味。

牛排煎锅的选择

除了食材和烹饪技巧，牛排煎锅也是制作出美味牛排的关键一环。不粘锅、铸铁锅、横纹锅、户外锅……每口锅都有它的优势，每个人都有自己的喜好，如何才能找到适合自己的那一口牛排煎锅？其实单纯关注品牌是没有意义的，以下三点才是牛排煎锅的关键所在：

耐高温、储热能力强

温度是影响牛排饮食体验的重要因素。一口耐高温、储热能力好的锅可以帮助牛排发生美拉德反应，让牛排拥有焦脆的外壳和十足的风味。

可以进烤箱

厚切牛排需要烤箱辅助。

质量过关、安全健康

锅体不会因高温、长时间使用而变形，进而无法烹饪出均匀熟度的牛排。能承受高温的压力，保证使用安全更是至关重要。

总结下来的关键信息就是：锅的材质很重要！以下将结合优劣势（只针对牛排烹饪）介绍五种常见的牛排煎锅材质。

五种常见材质的牛排煎锅

铸铁/生铁锅

特性

- 优点

耐高温，储热能力强，能保持高温，可以煎出完美的牛排焦脆外壳。

大部分铸铁锅都经过了养护工艺，无涂层，物理性不粘锅。

- 缺点

导热性差，加热需要一定的时间，新手很难直接判断锅的温度，为避免加热不均匀，尽量让锅在热源中心位置。

一体成型，加热后锅柄需要垫隔热材料才能触碰，千万不要裸手抓热锅。

功能性

煎、炒、烤、炸、焗、焖、炖、烘焙。

兼容燃气、电磁炉、烤箱等多种灶具，户外篝火、烤炉也可以使用。

价格

可以用相对低廉的价格买到不错的产品。

使用感受

外观：一体铸造，厚重有质感。

铸铁锅

重量：铸铁是这些锅的材质中最重的，甚至有些笨重，难以单手操控。

厚度：锅体厚重，无局部高温热点，储热能力好。

清洗：手洗+清水+擦/烘干；不建议放入洗碗机，可能会破坏形成的“油膜”。

养护：湿润状态会生锈，平时保持干燥即可，十分耐用、坚固；使用完进行清洗、烘干、抹油的简单养护更佳。

总结

耐热性好、高性价比、可进烤箱、坚固耐用，无论新手或老手都可以选择。

碳钢锅

特性

- 优点

像铸铁锅一样耐高温，可储存热量，完美地烹制牛排。

碳钢锅并不是不粘锅，但比铸铁锅防粘效果更好，无涂层，需要适当养护，降低粘锅风险。

碳钢锅

- 缺点

不建议烹饪酸性食物，会和食物发生反应，使锅体变花。

加热后把手需要垫隔热材料才能触碰，千万不要裸手抓热锅。

功能性

煎、浅炒、烤、炸、烙。

兼容燃气、电磁炉、电炉、烤箱、野外篝火等。

价格

比铸铁锅贵100元以上，品牌间差异较大。

使用感受

外观：整体金属质感，流线完整、漂亮。

重量：可以用单手提起，更方便使用。

厚度：厚度适中，比铸铁锅薄，一体成型，受热均匀。

清洗：不要使用洗涤剂和放入洗碗机。

养护：耐用，防止一般磨损；潮湿环境会生锈，使用后应温水冲洗、晾干/烘干、轻轻抹油，然后置于阴凉干燥处存放；请勿使用洗涤剂或放入洗碗机，会破坏表面的不粘性能。

总结

多功能，可以和铸铁锅替代使用，买其中一种就好；品牌间有工艺差异，有些手柄有喷漆，如进烤箱，温度不能超过175℃。

不锈钢锅

特性

- 优点

耐高温，很多不锈钢锅中心为铝，可以高温烹饪牛排，保证烹饪效果，是非常适合煎牛排的锅具之一。

和食物之间无任何不良反应，可以放心使用。

- 缺点

无涂层，高温后会粘牛排，形成的污垢难清洗。

功能性

煎、炒、烤、炸、煮。

兼容燃气、电磁炉、烤箱等多种灶具。

价格

比铸铁锅、碳钢锅要贵，跟材质、品牌有关，三层复合钢（不锈钢–铝制–不锈钢）价格更合理，五层的（不锈钢–三层铝芯–不锈钢）要上千元。

使用感受

外观：金属质感强，拉丝工艺更精致。

重量：比铸铁锅和碳钢锅轻巧。

厚度：厚度适中，保温效果较好。

清洗：无太多注意事项，可进洗碗机，很耐用。

养护：耐用，不怕划痕，不需要特别养护，如果觉得颜色发暗，可用白醋、小苏打清理。

总结

耐用，无须特殊打理，无涂层，健康安全，如果不怕污渍难清洗，可以考虑购买。

铜锅

特性

- 优点

导热性能极好，锅可以快速热起来，这也意味着牛排可以得到均匀的热量。

- 缺点

导热快，但储热性能差，离开热源后凉得特别快，无法保证烹饪时稳定的温度。

铜会与一些酸性食物（例如醋、番茄等）发生反应，长时间或大量摄入对人体有一定危害，因此铜锅一般锅底包裹锡或不锈钢。

大部分铜锅内衬是不锈钢，牛排易粘。

随着时间流逝会锈蚀、褪色、磨损。

功能性

煎、炒、烤、炸、煮。

兼容燃气、电磁炉、烤箱、卤素炉。

价格

优质的铜制厨具有点贵。

使用感受

外观：造型抢眼。

重量：有一定的质感，可单手拿起，很便利。

厚度：厚度适中，锅不会轻易变形。

清洗：建议用温和清洁剂、软布手洗，

不锈钢锅

铜锅

洗后擦干，干燥储存；兼容洗碗机，但可能会破坏它的光泽度。

养护：耐用，暴露在潮湿空气中易腐蚀，需要定期用铜制器皿清洁剂清洁抛光。

总结

铜制牛排煎锅非常有价值，但性价比一般。

不粘锅

特性

每家必备，一般分为特氟龙涂层不粘锅和陶瓷不粘锅。特氟龙不粘锅表面为特氟龙涂层，符合标准的特氟龙涂层在正确使用下是安全的，但其只可以耐300℃的短时间高温，260℃以下才可以长期使用，对于牛排来讲这个温度可能无法形成完美的焦化风味和焦化层，而且无法在烤箱中使用。现在还有一款比较流行的是麦饭石不粘锅，这只不过是把特氟龙涂层做成麦饭石的样式而已。

相比较而言，陶瓷不粘锅比特氟龙涂层更安全，耐热性能更好，如果是不锈钢锅柄还可以进烤箱，有些品牌可以耐450℃的高温，样式也更美观。但关于“陶瓷涂层”的安全性研究较少，而且陶瓷不粘锅易磨损、易碎。

总结

这两款锅都可以用于煎牛排，但绝不是最适合的，不必为煎牛排单独购买；如果只是在家偶尔炒菜做饭可以考虑购入。

锅的样式选择

最推荐的是平底煎锅，平底锅让牛排受热均匀，轻松达到理想的熟度。

条纹煎锅的底部条纹设计可以排走牛排多余的油脂，让牛排不至于“泡在”油脂中，易形成焦香外壳，也可以帮助牛排形成烤架花纹；但对新手来说容易烹饪不均匀，其凹槽的设计不适合在烹饪过程中给牛排调味，调料可能会掉入凹槽中，而且不利于清洁。

可丽饼锅虽然也是平底锅，但一般较薄、储热能力较差，如果是铸铁材质还可以考虑。

中式炒锅热量主要集中在底部，更适合爆炒，对于牛排而言，尖底容易使牛排受热不均。

不粘锅

麦饭石锅

如何购买牛排煎锅

1. 在购买前请想清楚是否需要专门购买一口牛排煎锅，烹饪牛排的频率是多久？家里是否有锅具可以替代？

如果你的答案是每周一次或者更多，没有锅具可以替代，就来到第二步。

2. 锅具的大小

建议选择直径24厘米或26厘米的煎锅，如果每次需要煎两块以上，或者带骨牛排（带骨肉眼、战斧），建议选直径30厘米的。

3. 锅具样式和材质的选择

样式推荐平底锅或者底部带条纹的煎锅；推荐的材质依次为铸铁、碳钢、不锈钢，这三款锅耐高温、可以进烤箱，性价比较高。

4. 选择有品质保证的制造商品牌

不要买太便宜的杂牌锅具，材质无法保证的话，食品安全就无法得到保证。

条纹煎锅

可丽饼锅

什么是美拉德反应？

美拉德反应就是指肉中羰基化合物（还原糖类）和氨基化合物（氨基酸和蛋白质）被高温加热后的反应，能产生非常诱人的金黄色至深褐色，并产生香气，增加食欲。

但要注意：

美拉德反应时间不宜太长，否则食物表面会煳，吃起来有苦味，而且可能产生致癌物质。另外锅的温度一定要高，低温烹饪下风味物质难形成，反应比较缓慢。

牛排的熟度

牛排在熟度方面好像有一条铁律：越生越好。有人会说熟度应该遵循自己的口味，喜欢吃全熟的怎么了？牛排到底要几分熟？全熟的牛排就丢人了？生牛排有寄生虫？五分熟牛排有血吧？网络上甚至还有更夸张的提问："跟女生吃牛排，女生对服务员说要八分熟，应该说些什么来缓解尴尬？"

熟度对牛排的味道很重要，到底是按"要求"来吃还是按"口味"来选，看完以下内容，你心里就有答案了。

烹饪牛排时，发生了什么

凝固蛋白质

牛排在煎制过程中肌蛋白质发生热变性凝固，温度上升到30℃后，肌肉的保水性随着温度上升而下降，肉汁分离；蛋白质开始凝固，硬度增加。

蒸发水分

大多数肉是由5%的脂肪、碳水化合物、矿物质，20%的蛋白质和75%的水组成，当温度升高，水分蒸发会相应增多。

化开脂肪

加热时脂肪化开，释放出某些挥发性化合物，这些物质给牛排增补了香气和汁水。

烹饪的温度与时间决定了牛排的熟度，温度高、时间长，熟度增加，便会相应降低牛排的嫩度，造成汁水流失。而在合适温度和时间内，化开的脂肪可以给牛排增加汁水和风味，还可以保持最大的嫩度体验。牛排的熟度对营养是没有影响的。

如何判断牛排熟度

常常说的熟度有：近生牛排、一分熟、三分熟、五分熟、七分熟和全熟。

牛排熟度参考

熟度	离开热源温度	牛排中心温度	表现
近生牛排（Blue）	45℃	47℃	切面为红色，口感生软，汁水丰厚
一分熟（Rare）	48℃	50℃	切面 75% 为红色，口感柔软，汁水丰富
三分熟（Medium Rare）	52℃	54℃	切面 50% 为红色，口感柔嫩，汁水丰富
五分熟（Medium）	58℃	60℃	切面 50% 为深粉色，口感有层次，可感受到汁水
七分熟（Medium Well）	62℃	65℃	切面中心为粉棕色，口感坚实，汁水变少
全熟（Well Done）	68℃	70℃	切面为棕色，质地较硬，缺乏汁水

作为普通牛排爱好者，烹饪时衡量牛排熟度的最佳方法是使用专业食物温度计来测量牛排中心温度，当然也可以对比虎口肌肉和牛排的触感来判断熟度，张开手掌，四指分别与拇指相连，用另一只手来按压虎口肌肉感受，但这个方法确实需要有一定烹饪经验的人才能做到。

牛排熟度手指确认法

按压对比					
熟度	一分熟	三分熟	五分熟	七分熟	全熟

选择合适的熟度能让我们吃到期望中的口感和味道。低脂肪、无筋膜的牛排比较适合选择三分熟，比如菲力牛排。肉块本身的脂肪不多、嫩度足够，因此不需要时间去化开脂肪，增加风味，高温下美拉德反应能让牛排外表获得焦脆的口感和油润的香气，同时内部的牛肉顺滑绵密。

当下最流行的肉眼牛排等带有丰富的大理石花纹，但无明显筋膜的牛排比较适合三分至五分熟。牛排的脂肪化开到肌肉纤维中，给牛排增添了汁水和嫩度。一些带有筋膜的牛排比如板腱牛排、西冷牛排比较适合五分熟及以上，给肉筋足够的热量软化，才能获得丰富、有弹性的口感。而带骨牛排，例如T骨牛排或者战斧牛排通常不推荐三分熟，骨边肉的熟度更低，会影响整体的食用体验。

三分熟菲力牛排

近生和全熟就是在毁掉一块牛排吗？也不能这么认为，这两个熟度很考验牛排的质量和烹饪者的厨艺。

点一块近生牛排，这似乎表现出了一种高级的品位，但如果不是行家，还是劝你不要轻易尝试，你可能品味不出其中的奥妙，在免疫力相对较低时，也不要尝试。

如果你想尝试全熟，选择高等级和牛或者谷饲牛小排都很合适，大理石花纹细密，脂肪与肌肉完美结合，即使全熟也是口感紧实、油汁丰富。

近生牛排

全熟高等级和牛

被偏见的牛排熟度

在国外，牛排的熟度被分为：Blue、Rare、Medium Rare、Medium、Medium Well、Well Done。我们习惯用“近生、一分熟、三分熟、五分熟、七分熟、全熟”来命名。

有很多人对熟度的命名有很深的执念，只能是奇数1、3、5、7、9，而不能是偶数，说出偶数的食客会被质疑。其实大可不必。国内这样翻译大概是Medium有“中间”的意思，数字“5”也有“中间”的概念，比如五五开，才会有这样命名，这是约定俗成的说法而已，这样的表述能够让沟通效率更高。

更带有偏见的还有“吃生比吃熟要高级”的想法。在国外确实存在“如果你点了一块全熟（Well Done）的牛排，就代表你毁了它”这种说法。其实最早，美国人也吃全熟的牛排，后来随着法国料理、日本寿司和食物温度计的普及，人们才开始尝试不同熟度的牛排，这种不同熟度牛排的食用方法流行起来也不过几十年，口味本就不需要按要求。

没有温度计，烹饪时间是否可以判断牛排熟度？

用时间来判断牛排的熟度只适用于熟练掌握火候、锅具与牛排熟度关系的人。用别人给出的“推荐时间”来判断熟度是不准确的。烹饪工具、火候、牛排的厚度及特质（大理石花纹含量、是否还有筋膜等）与推荐不一致时就无法做出完美的熟度。

带骨牛排烹饪法

现在人们对美食的要求绝不仅仅是好吃这么简单，还要好看。深受食客和厨师喜爱的带骨牛排看上去大气，视觉冲击力强，吃起来也更显豪迈，一块带骨牛排可以让你成为朋友圈美食大赛的热门选手。带骨牛排绝对是盛宴的主角，但也意味着要承担更高的费用。

骨头可以让牛排更好吃吗

常常有人说，带骨牛排比去骨牛排更好吃，骨头可以给牛排增添风味和汁水。在确定这个说法是否准确之前，我们先了解一下牛骨头以及它对牛排的影响。

带骨牛肋排

牛的骨骼外层有结缔组织和脂肪，接下来是坚硬的骨密质和骨髓。最外层的结缔组织和脂肪组织加热时，其中主要构成部分胶原蛋白会变得柔软，呈凝胶状。拿着骨头啃食，味道确实很好，但附着在骨头上的脂肪并不多，对牛排味道的辅助作用很小。骨密质密度高、坚硬，基本没有味道，就风味而言，在有限的烹饪时间内，对牛排味道没有影响。而骨头缝隙中的骨髓绝对能令人愉悦，它是具有浓郁牛肉香的柔软物质。但因为被锁在骨头内部，除非将骨头锯成两半，不然无法透过骨密质渗入牛排之中。相比用骨头长时间熬制高汤，牛排的烹饪方式几乎无法让骨髓溢出。

骨边肉为什么相对较嫩

骨头在烹饪过程中起到了“绝缘”的作用。骨骼内部呈蜂窝状，有很多空隙，可以有效控制温度波动，靠近骨头的牛肉受热减少、减慢，在相同的烹饪时间和温度下，骨头附近的牛肉熟度要比外侧低一些。像优质的干式熟成牛肉就会选择保留骨头作为牛肉的保护层，抑制水分流失。

如果烹饪带骨牛排时，想在骨头附近获得多汁且嫩的效果，前提是：你想要的熟度是四至五分熟及以上。如果喜欢三分熟左右或者更生的牛排，靠近骨头的部位会比想象的熟度低，甚至会比较难嚼。

烤制带骨牛排

所以在家烹饪时需要注意：

可能难以获得焦褐的外皮

带骨牛排加热后汁水流失，表面收缩，而骨头的宽度不变，骨边肉难以完整地接触热源。

烹饪时间更长，烹饪难度升级

通常带骨牛排会根据牛肋骨的宽度来分切，属厚切牛排，建议先低温慢烤，确保熟度均匀，同时骨头比牛肉需要更长时间来加热和冷却。

骨边肉与中心存在温度差

用厨房温度计检测熟度时不要测量骨边肉，而要在牛排中心插入温度计。

购买成本增加

是为骨头的重量付费，还是单独购买去骨牛排。

骨头在实用主义者看来似乎无用，但其实无论它是否能让牛排变得更好吃，其独特的造型和传递出的视觉信号都为食客增添了饮食的乐趣，获得好心情。

烹饪完成后，去骨分切食用

煎牛排必须封边吗？

很多人在煎牛排时，会把牛排夹起来给每个侧边都煎一下，说是封边，为了汁水不跑出来。其实这个说法没有什么科学依据，外表的焦化无法阻止水分流失。但是如果选择的牛排较厚，为了整体的美观，可以煎一下；或者边上有一整条油脂包裹，想要的熟度又比较低，可以单独煎一下侧边的油脂，让油脂化开。

低温慢煮牛排

随着人们对美味的不断追求，“低温慢煮”在现代厨具的帮助下逐渐流行，从专业厨师到普通人都在学习、尝试。经过低温慢煮后的牛排熟度完美、均匀，肉质多汁、风味十足，且烹饪时间灵活，烹饪者不必手忙脚乱。

真空低温慢煮烹调，英文为Sous vide，源于法语，意为“处于真空状态”，我们通常称其为“低温慢煮”。低温慢煮牛排就是将牛排真空密封，放入温度被精准设定和受控的水箱中，并在一段时间内烹饪，通常为1～7小时，在某些情况下还可以达到72小时或者更长时间。

与传统的牛排烹饪方法相比，低温慢煮利用精确的温度控制，消除了整个烹饪过程对熟度的猜测，方法简单、成功率高，更易做出多汁、鲜嫩、风味十足的牛排。

低温慢煮牛排

低温慢煮何时开始流行

真空低温慢煮烹调的技术方法可以按其字面意思理解为真空+低温+慢煮，在家庭厨房中使用非常简单，甚至可以让你获得可以和餐厅媲美的牛排。

在中世纪，真空密封的烹饪方法就已经出现，当时人们会在动物器官（膀胱、胃和肠道）内处理食物。

1799年，物理学家本杰明·汤普森研究发现了低温烹饪。他使用空气作为传热介质，用烘干土豆的机器烤肉。用他自己的话说：“不仅可以食用，而且做得很好，味道极佳。”

20世纪60年代中期，真空密封包装开始风靡工业食品保鲜行业，研究人员发现，食物的风味和质地因此有所改善。到20世纪70年代，法国厨师乔治·普雷拉斯在寻找制作鹅肝的新方法，以减少传统烹饪方法汁水重量产生的损失时，发现用塑料袋将鹅肝包裹起来再烹饪效果明显，并且质地更好，这种方法深受厨师追捧，乔治·普雷拉斯也因此被称为“低温慢煮之父”。

而另一位“低温慢煮之父”，法国食品科学家布鲁诺·高索，在乔治·普雷拉斯的基础上，一直在研究时间和温度对食物的影

将牛排真空密封后放入盛满水的容器中

响。最初，布鲁诺·高索将这些食物提供给飞机头等舱的旅客，改善飞机上食物的质量。随后，两人合作，将美食艺术与食品科学恰到好处地融合在一起。

现在，低温慢煮越来越受到欢迎，并随着工具的更新换代，我们在家庭中也可以使用这一方法烹饪牛排了。

为什么要低温慢煮牛排

获得准确、均匀的牛排熟度

低温慢煮最大的优势就是获得精准可控的温度——将牛排熟度拿捏得恰到好处。熟度对牛排的最终呈现极其重要，不需要猜测，不需要用温度计反复戳牛排，也不需要切开看，低温慢煮通过设定牛排中心温度，就可以清晰准确地定位熟度。这是传统的高温烹饪法无法做到的。

另外，高温烹饪下的牛排内部会形成温度阶梯，牛排中心到达目标温度时，越往外侧温度和熟度越高，肉的嫩度和汁水都有损失；而低温慢煮下的牛排由内而外温度统一，牛排中心到达目标温度时，烹饪停止，整块牛排熟度均匀、颜色完美，避免了外侧温度过高造成的口感干硬，当然如果想得到焦香的外皮，只需要最后用牛排锅或者喷枪高温上色增香即可。

改善湿润度、风味和嫩度

牛排真空密封后放在盛满水的容器里烹饪，当蛋白质分解时，汁水会保留在里面不外漏，确保了牛排的湿润度。

吃之前用牛排锅煎出焦香的外壳

低温慢煮牛排汁水充足

同时，牛排浸在自身产生的汁水中烹制，无论是牛肉本身的风味、脂肪的香气或者加入的调味料，在密封的环境中都会让牛排风味十足。

优质的牛排不用多说，熟度的内外统一让其嫩度由内而外也保持一致；对于拥有不规则形状、带有结缔组织、肉质不够嫩的牛排切块来说，设定好时间与温度后，也可以完美控制牛排的嫩度。比如上脑牛排，结缔组织丰富，高温快速烹饪会非常难嚼，低温慢煮则可以让结缔组织中的胶原部分变为明胶，化在肉中，增添香气的同时还可以获得如同炖肉般嫩化的效果。

操作简单，时间灵活

不用时刻看管牛排熟度和状态，不用精心安排菜品顺序，即使准备多人餐也能应付自如。低温慢煮牛排操作简单，只需将牛排真空密封并放入设定好温度的低温慢煮容器中，你可以用这个时间准备其他菜品，牛排做好后可以保持温度不变。

低温慢煮操作优点清晰，劣势也需要你做出权衡：

• 更长的时间

传统高温牛排烹饪最快可能只需要15～20分钟，但低温慢煮需要1小时或者更长的时间。

• 更多的设备

除传统烹饪牛排所需的工具外，低温慢煮牛排至少还需要：真空密封设备、精密低温慢煮设备、盛水的容器。

真空密封设备：带拉链的真空密封袋配合便携手泵/电泵，真空密封保鲜袋配合抽真空封口机，可重复利用的硅胶真空袋。

低温慢煮设备：浸入式低温慢煮烹饪棒，一体式的低温慢煮锅/箱，家中现有的精准控温的电饭煲也可以。

盛水的容器：低温慢煮水箱，家中可加热的盛水容器。

在选择烹饪方法和工具这件事上切不可盲目，要切实考虑“这是不是我真正需要的”。

厚切上脑牛排

如何选择低温慢煮的牛排

低温慢煮只是一种烹饪方法，无论肉质是否鲜嫩、大理石花纹是否丰厚、是否带骨都可以在不同的温度、时间下获得该牛排的最佳状态，因此牛排的选择取决于个人的喜好。如果想获得更好的体验，最好选择厚切。较厚的牛排可以在低温慢煮后，特别在最后的高温灼烧之后，获得外焦里嫩的完美质感。

低温慢煮牛排的温度与时间设定

温度

熟度对牛排的口感与味道有着颇多影响，而牛排的熟度很大程度上取决于牛排中心温度。熟度完全取决于个人的口味，有人爱吃生，有人爱吃熟，本就没有“吃生比吃熟更高级”这回事，但如果喜欢吃全熟的牛排，就没必要使用低温慢煮了，用煎、烤方式即可。

时间

实验发现，低温慢煮1小时的牛排切片拉伸时有一些韧度，有咀嚼感；4小时的牛排咀嚼感减半，结缔组织被破坏，单个纤维条很容易分开；而24小时的牛排肌肉纤维轻松就会碎掉，吃起来无咀嚼感、无阻力，甚至口感有点奇怪。

所以综合温度与时间，想获得良好的饮食体验，建议新手参考下表，而随着自己不断地学习和实验，每个人可以拥有自己的最佳规则。

西冷、肉眼、T骨、红屋牛排的低温慢煮温度时间表

熟度	温度	时间
一分熟（Rare）	49 ~ 53℃	1 ~ 2.5 小时
三分熟（Medium Rare）	54 ~ 57℃	1 ~ 4 小时
五分熟（Medium）	58 ~ 62℃	1 ~ 4 小时
七分熟（Medium Well）	63 ~ 68℃	1 ~ 3.5 小时
全熟（Well Done）	69℃以上	1 ~ 3 小时

注：牛排厚度2.5厘米；低于54℃低温慢煮不要超过2.5小时。

大理石花纹丰富的牛排可以适当提高熟度。其内部丰富的脂肪可以给牛排提供饱满的汁水和风味；另外不论是脂肪还是骨头都有隔热性，这意味着它们可能需要稍长一点的时间来达到想要的熟度。T骨或者红屋牛排一面是西冷，另一面是菲力，在烹饪时，以自己偏爱的牛排切块的熟度为准即可。

类似菲力这样比较瘦的牛排易熟且肌间脂肪少，很容易变得干燥、难嚼。这样的切块熟度尽量降低，以实现最佳的嫩度和湿润度。

菲力牛排的低温慢煮温度时间表

熟度	温度	时间
一分熟（Rare）	49 ~ 53℃	0.75 ~ 2.5小时
三分熟（Medium Rare）	54 ~ 57℃	0.75 ~ 4小时
五分熟（Medium）	58 ~ 62℃	0.75 ~ 4小时
七分熟（Medium Well）	63 ~ 68℃	0.75 ~ 3.5小时
全熟（Well Done）	69℃以上	0.75 ~ 3小时

注：牛排厚度2.5厘米；低于54℃低温慢煮不要超过2.5小时。

低温慢煮的食品安全

在享用低温慢煮牛排时，食客主要顾虑以下两个方面：

- 真空包装袋是塑料的，加热有没有毒？

现在市面上售卖的低温慢煮真空密封袋都是由PE+PA，也就是聚乙烯+尼龙的“复合塑料袋”，不会释放有害物质；还有食品级硅胶袋，也符合食品卫生标准，可重复加热使用。在购买时要认准有详细材料说明，有品牌保证的真空密封袋。

- 低温是否可以安全杀菌？

在烹饪时，我们常常用高温来消灭食源性疾病细菌，当食物到达一定温度时，不论是冷藏还是加热，都能减少病原体。低温慢煮会把一些食物的温度定在60℃以下，看似有些危险，但只要有足够的时间，一些病原体依旧会被“杀”死。

另外，冰鲜/冷冻原切牛排还有其特殊性。比如，牛在牧场就会有相关寄生虫的预防和管理措施，再进入卫生环境标准化高的加工厂，温度恒定的储藏、运输环境等都尽可能地保证了食品卫生。购买牛排要认准正规渠道的冷冻/冰鲜原切牛排，尽量不要选择热鲜肉、直接接触空气的牛排。

如果是免疫力低下人群，应该先高温煎制牛排，再放入低温慢煮箱，烹饪完成后再复煎，获得焦香外壳。

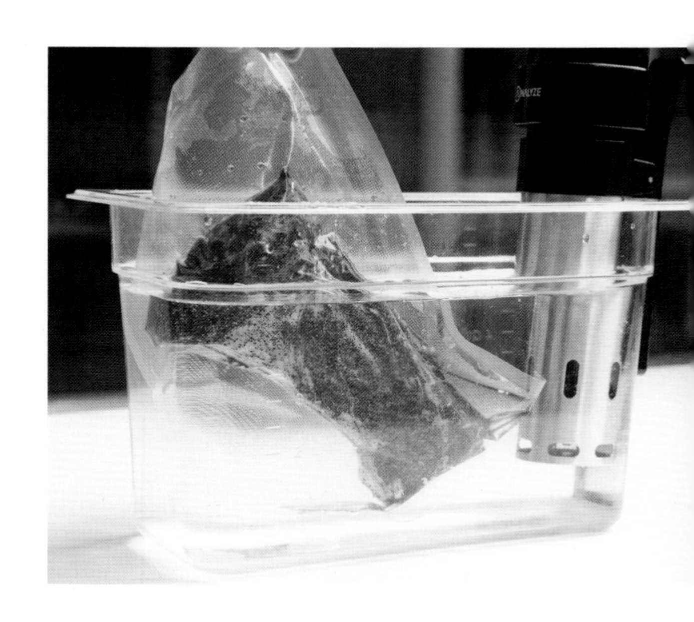

低温慢煮牛排操作步骤

用低温慢煮烹饪牛排主要分两步：第一步，将牛排真空密封在袋中，用低温慢煮设备将其烹饪至所需温度；第二步，把牛排取出，放在高温下灼烧升华，使其拥有漂亮的外皮和完美的焦香面。

低温慢煮过程中，有几个问题需要注意：

- 容器要够深，足以浸没慢煮棒和牛排。
- 牛排需解冻，但不用纠结是否需要缓化到室温。
- 没有必要在袋中加入橄榄油或者黄油，凭直觉会认为这些会给牛排增香，但无添加牛排、添加橄榄油牛排、添加黄油牛排在味道差距上极小，甚至无添加的牛排风味更浓。特别是给牛排添加脂溶性香料后，其风味溶解在油脂中，风味被稀释的同时也不会很好地附着在牛排表面。
- 正确密封后牛排应下沉，而不是浮在水面。
- 低温慢煮好后尽快食用，长时间保温会带来肉质和口感的变化。
- 低温慢煮牛排不需要静置，从厨房端到餐桌的时间就够了。

低温慢煮牛排

牛排“醒肉”是什么意思?

把牛排从锅里拿出来，或者从烤架上拿下来，给它搭一个锡箔纸小帐篷，让牛排静静待上几分钟，这个过程就是在让牛排休息、醒肉。

肌肉纤维的宽度和储水能力与温度直接相关。煎烤牛排时外部遇热最先受到压力，肌肉纤维变硬、变窄，如同用手慢慢发力抓海绵，牛排里的一部分水分在中间停留，外侧的水分顺着缝隙就流了出来。

肉在休息过程中慢慢冷却，利用内外温度差，肌肉纤维会稍稍变宽，汁水会在牛排中重新分配，中心的汁水缓缓流向外侧，这时候再切开就不会有太多汁水流出，造成浪费。

牛排刀怎么选

谁不喜欢畅快淋漓的饮食体验呢？在牛排刀选择这件事情上，是否“刀快”“好看”就可以了呢？合适的刀可以让品尝美食的效果截然不同。

刀具拥有千百种样子，一副牛排刀叉的售价不等，刀片有锯齿或者平刃、刀柄有金属或者木头的，颜色、流线型、风格等都不同，有点让人不知所措。

我们不用像刀具专家一样把整个刀具世界了解得一清二楚，只要以牛排为中心，了解一些法则，尽快找到自己的目标就好。

说到挑选牛排刀，一定要最先了解这些：

刀片的形状：锯齿刃或平刃、圆头或尖头；

牛排刀的材质：刀片材质、刀柄材质。

刀片的形状

锯齿刃（Serrated Knives）

锯齿刃牛排刀的刀刃像锯子一样呈锯齿状，突出的尖锐部分带有一定角度和尺寸，可以抓住食物并将其撕裂。

• 优点

更耐用，维持锋利度时间长，刀刃凹凸的设计减少了刀刃与餐具的触碰面，内凹的刀锋被外凸保护。

牛排切面有凹凸自然纹理。

可以干净利落地切割外表较厚或较硬的牛排或者配菜。

不需要特殊保养，锯齿的设计可以有效地延长刀刃锋利的时间。

• 缺点

来回的锯切动作是撕裂肌肉纤维而不是直接切块，这可能会让牛排汁水流失，刀片越钝汁水流失越严重。

如果钝了，需要找专业人员打磨或者闲置。

平刃刀（Straight-edged Knives）

• 优点

贯穿性强，切割更利落，一次性完成，避免拉扯与挤压。

牛排切面更平滑、整齐。

可以自己在家用磨刀工具重新打磨。

• 缺点

更容易受到磨损伤害，刀刃越细腻、越脆弱。

平刃刀需要良好的保养和放置，以保证平滑、干净的刀锋性能。

如何选择

大部分牛排都可以用这两把不同刀刃的刀处理，如果喜欢较生（三分熟左右）、多汁的牛排，可以选择平刃刀片；如果喜欢形成坚硬焦香脆皮、半熟以上的牛排，推荐锯齿刀片。

还有一种细锯齿刃的刀片，它结合了普通锯齿刃和平刃的优点，在锋利的刀锋上开出了细细的锯齿，在保证有效切割的前提下，减少了切割对牛排的拉扯力。

刀尖的形状

除了刀刃形状，还要提及一个容易忽视，但需要关注的刀尖的形状，尖头还是圆头。

尖头牛排刀最大的好处就是多功能性，可以处理带骨牛排，深入骨骼深处，处理比较复杂的牛排结构；相比较而言，圆头牛排刀就比较适合精致的去骨牛排。

锯齿刃牛排刀

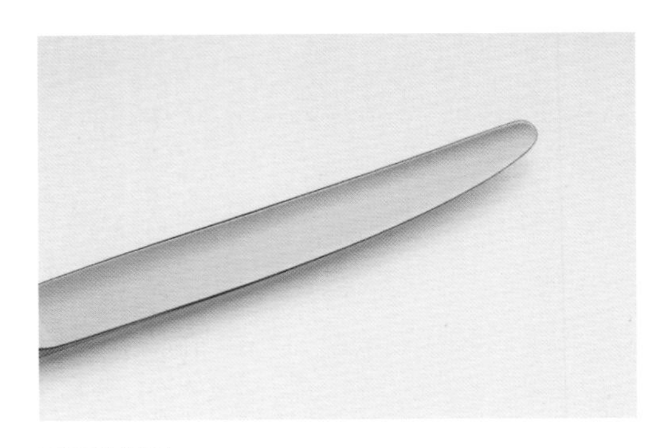

平刃牛排刀

尖头牛排刀可以更好地处理骨边肉

牛排刀的材质

刀片材质

牛排刀刀片的主力材质是不锈钢。一个好的牛排刀刀片需要有一定的硬度，因为它要面对的一般都是能与它的硬度抗衡的盘子，而非木制或竹制的菜板，相比碳钢、陶瓷刀片，不锈钢刀片更耐用，也很锋利，不需要特殊保养，常见的型号有430、304、316。

430：抗腐蚀性相比304、316要差一些，容易氧化，但不易生锈。

304：添加了8%的镍，具有更好的耐热性和抗腐蚀性，抛光后常常被“双立人”等品牌做高级餐具。

316：拥有更强的耐腐蚀性，相比304与430要好一些，但差别很小。

在日常生活中，304的主要用途是餐厨具，而316可以做医疗器械，430可以作为它们的平价替代品，但在牛排刀上三者不会差太多。

刀柄材质

刀柄的材质主要以刀片本身材质（不锈钢）、塑料、木制为主。

排除个人审美，塑料、原木为材料的刀柄更耐滑，拥有天然、舒适的抓握感；塑料、不锈钢刀柄更防水、耐用，且不需要特殊的养护。

如何挑选牛排刀

- 刀要锋利

一把锋利的牛排刀拥有良好的切割手感，除此之外还能保留汁水，帮食客获得最优的饮食体验。可以想象一把钝刀反复在牛排上拉扯，会损失多少汁水和力气，如果一不小心划到盘底或者把牛排推了出去，那就更尴尬。但如果你担心伤害餐具本身，只要让刀锋保持顺滑就好。

测试：用刀刃纵向划过A4纸，可以轻松切割、不卡顿即可，还不需要一根头发丝落上就断的程度。

- 结构平衡

刀的整体流线型设计符合人体工学，即有手感，用餐更舒适。

握上去有支点，整体有一定质感，刀片和刀柄的重量平衡，刀片到手柄的尺寸也正合适，不会觉得太窄、太轻、太滑，可以引导你很好地切割牛排。当然，每个人手的大小、力量、发力点不同，建议在实体店购买。

- 美观

餐厨具不仅要实用，美观也很重要。每个人都有自己独特的审美视角，外观也是重要因素。

可以考虑将牛排刀融入整体餐厨风格，也可以选择充满质感的设计，又或者选择观赏性极高的刀。

- 价格合理

刀具的价格与它的成本、设计、品牌和目标客户都有关。但并不代表昂贵的比平价的更值得选择。如果使用频率较高，可以选择精致的刀具；但如果只是新手，偶尔一用，选平价刀具就可以了。

牛排刀的洗护和存放

就像洗厨房里其他刀具一样洗牛排刀就好，但最好不要放入洗碗机，高温与高压可能会破坏锋利度；擦干后最好放在一个单独的空间，如果随手扔在抽屉中，很可能会破坏刀刃。

用纸测试刀的锋利程度

牛排的切法

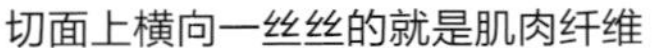

切面上横向一丝丝的就是肌肉纤维

煎烤格纹不是牛排的肌纤维

逆纹切薄片，将肌肉纤维变短

如何切才能使牛排嫩度得到最大的发挥？记得一定要“逆纹切”，也就是垂直于肌肉纤维切割。

什么是纹

纹就是牛的肌肉纤维，也就是牛肉上一丝丝向一个方向延伸的纹路。不同的肌肉块对应的肌纤维延展方向不同，组成的形状也不同，这也是你可以一眼认出“这是什么牛排”的原因。

肉眼牛排、西冷牛排、菲力牛排这些切块运动少，相对较嫩，肌纤维细腻，看起来也不明显。这些切块无论怎么切，基本都非常柔软，不需要那么多规则。像腹肉排、内裙牛排这些更具风味的切块，切割出来的肌纤维束更粗，纹理更清晰。毫无疑问，相比之下，肌纤维束越粗，肉越坚韧。

为什么要逆纹切

美国实验厨房曾用牛腩排和西冷牛排做实验，在相同条件下低温慢煮，用CT3质感分析仪来测量咬这样一块肉需要的力度，结果显示，本身西冷牛排要比牛腩排嫩，无论怎么切，牛腩排需要的剪切力都更大；逆纹切割的力度要明显小于顺纹切割，特别是牛腩排。因此，垂直肌肉纤维切割，把肌肉纤维变短，可以增加牛排食用时的嫩度体验。

如何逆纹切

一块煎烤好的牛排身上通常有三种纹路。肌肉与肌肉之间，肌肉与结缔组织之间的自然断层；煎烤痕迹；再就是我们所说的肌肉纤维了。我们要做的就是尽量缩短这些难嚼的肌肉纤维，减少牙齿和下颚的运动量。

对于油花多、较嫩的切块，切割的方法无须纠结；但对于肌肉纤维较粗的切块来说，逆纹切薄片是改善这块已经烹饪好的牛排嫩度最保险的方法。

红酒与牛排搭配指南

当我们想要增添浪漫气氛，或者让一块牛排的魔力发挥到极致，不妨将目光转向它的最佳搭档——红葡萄酒。为什么红酒与牛排更配？不同类型的牛排该如何搭配红酒？并不是随意选择一款最贵或者最心仪的红酒就能与任意牛排相称的。

为什么红酒与牛排更配

“红酒配红肉，白酒配白肉”，牛排为什么要与红酒搭配食用？最主要的原因在于红酒中的单宁。单宁主要来源于葡萄的皮、梗、籽、橡木桶。单宁丰富的红酒入口有力量感，在舌尖形成抓力，这是品味红酒的一个重要因素；作为酚类物质，它可以中和牛排中的脂肪，减少油腻的感觉并分解蛋白质，使肉质更加细嫩鲜美，释放其风味；同时，牛排中的油脂和蛋白质也可以缓解单宁的“粗重”感，使口感达到平衡。

而白葡萄酒因为在发酵过程中不带皮、籽等，所以单宁含量极低，通常会被牛排的味道压倒，这样就不会产生相得益彰的感觉。

另外，红酒的酸度、酒精会与红肉中的蛋白质和脂肪相互作用，可以形成理想的风味组合。因此，红酒自然而然成了搭配牛排的第一选择。

酿红酒的葡萄

搭配规则

在面对风格迥异的红酒、不同等级的牛排，如何选择自己喜欢的搭配呢？

重型牛排搭配重型红酒，轻型牛排搭配轻型红酒。这里的轻重都指放入口腔中的综合感受。

重型牛排入口后有咀嚼感，油脂、汁水满溢口腔，香气对鼻子有冲击，咀嚼吞咽后能明显感受到口中留有牛肉香气。

重型红酒入口后有“抓舌”的感觉，口腔能明显感受到强烈的香气，流体较厚，入口回味持久。

如果重型牛排配轻型红酒或者轻型牛排配重型红酒，可能一方的风味将被压制。掌握这个方法，一般的牛排与红酒都能让人获得良好的饮食体验。

具体搭配方法参考

从影响“牛排轻重”的脂肪、调味、特殊烹饪处理方法、牛肉风味这几个方面来确认重型牛排和轻型牛排，再来考虑如何搭配红酒。

脂肪

大理石花纹丰富的牛排为重型牛排。大理石花纹就是牛排的肌间脂肪。众所周知，大理石花纹均匀丰富意味着高等级。它可以增加牛肉的香气、创造丰盈的汁水和浓厚的牛肉香气。大理石花纹细密，油脂丰富的牛排部位，适合酒体有厚重感（高单宁、高酸度、高酒精度）、风味有深度且回味悠长的红酒，这样的牛排或者红酒要细细品味，不然很容易“上头”。

■ 牛排推荐：肉眼牛排、西冷牛排、牛小排、丹佛牛排、T骨牛排、老饕牛排

■ 红酒推荐：赤霞珠、斯泰伦博思西拉、仙粉黛

赤霞珠和斯泰伦博思西拉酸度坚实，酒体层次精巧复杂，单宁丝滑有力度，拥有香料以及矿物质的香气，给人带来浑厚的口感，这足以化解大理石花纹丰富所带来的油脂肥腻感；老藤仙粉黛酸度高，单宁适度，果味浓郁，适合搭配大理石花纹中度的牛排。

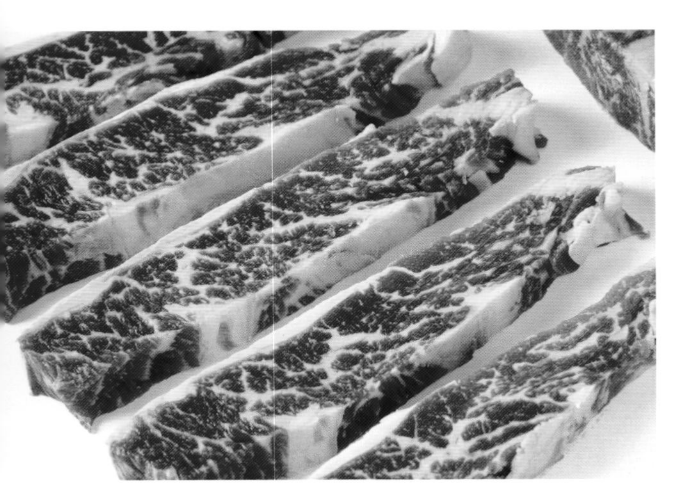

大理石花纹丰富的牛排

请注意！单独看牛排部位来选择红酒，实际上并不严谨。因为并不是每一块肉眼牛排都拥有细密的大理石花纹，具体还要看牛排等级。

较瘦的牛排适合与轻型红酒搭配。瘦肉居多且嫩度适中，牛肉风味较弱的牛排比较适合搭配酸度较高，口感相对轻柔的红酒。适当的酸度可以化解瘦肉的纹理，使肉质更嫩；红酒轻柔的质感不会给鲜嫩的牛排造成负担，同时，也不会被牛排压住气味。

■ 牛排推荐：菲力牛排、嫩肩肉排

■ 红酒推荐：新西兰黑皮诺、智利梅洛

黑皮诺、梅洛口感轻柔，含单宁较少。选择新年份，红酒的清透更能衬托偏瘦牛排淡淡的牛肉香，温和的果味也可以为牛排增添香气，一定程度上隐藏了过瘦牛排的干涩感，使两种气息同时在舌尖流转。

调味

若牛排仅仅加入少量盐和黑胡椒调味，选择红酒时，可以忽视调味这一因素；若搭配了一些味道重的酱汁，在红酒的搭配上需要花一些心思。如果牛排以大蒜、圆葱、迷迭香或者青酱这类调料调味，需要结构坚挺、拥有不带棱角的酸度、单宁顺滑、有明显果香的红酒来中和这类牛排的口味。

■ 红酒推荐：玛格丽特河赤霞珠西拉混酿、阿根廷马尔贝克

如果用法式牛骨烧汁、红酒汁、波斯雷特浓汁这种增加牛排肉汁香气或酒香的酱汁调味，则酒体饱满、酸度平衡、余味在口齿间久久不散的红酒才能与牛排相映成趣，突出彼此的风味。

■ 红酒推荐：波尔多干红、红土赤霞珠

如果是以胡椒、蘑菇酱这种鲜咸酱汁为主烹饪的牛排，应辅以同样鲜咸感稍占上

风、酸度圆润、单宁细密有力、深层还藏有浓郁风味（包括胡椒味）的红酒。

■ 红酒推荐：罗纳河谷西拉、萨瓦梦杜斯、歌海娜

特殊烹饪处理方法

干式熟成牛排通常在四周之后会发生风味的转变，产生独一无二的“奶酪、烟熏或带有一些辛辣感”的香气。选择单宁坚实有力、高成熟度、香气集中度高、可以带来浓烈尾晕的红酒，衬托熟成牛排的风味。

■ 红酒推荐：意大利巴罗洛、澳洲西拉、陈年赤霞珠

特意用木炭烧制的牛排烟熏味富足集中，可以尝试用触感柔润、单宁细腻、果味之中带有烟丝气息的红酒相称，余味悠长持久，搭配入口，牛排或红酒都会变得极具表现力。

经过熏烤的带骨肉眼牛排

■ 红酒推荐：黑皮诺、南非赤霞珠

牛肉风味

除了牛肉本身和脂肪赋予的牛肉香之外，有些牛排部位的“牛肉风味”十足，不同于前者的“黄油”香气，牛肉风味带有一些自然、本真的味道，也有人觉得这是“腥味”。

草饲牛排或者一些像来自肩胛部位和臀腰等后部位的牛肉风味浓郁。这时需要酸度高、单宁没有那么饱和、没有太多橡木香的红酒，太多橡木香容易压制牛肉味。选择一只果香和桶香融合，带有一丝丝“干香菇”气的红酒更能给带牛肉风味的牛排带来光环。

■ 红酒推荐：黑皮诺、马尔贝克、西班牙丹魄

以上只是参考意见，如果想喝白葡萄酒也没问题，只要选择足以承受牛排风味与质感的款式就好，比如风味集中浓郁的雷司令；或者选择威士忌，也可以给牛排口味带来更丰富的层次感。

× CHAPTER 4 ×

经典食谱

烤战斧牛排

材料

战斧牛排　1000克
盐　1茶匙
黄油　30克
百里香　7枝
橄榄油　1汤匙
黑胡椒　1茶匙
蒜　1/2头

配菜

小土豆　6个

做法

烤制牛排

1 将完全解冻的战斧牛排用厨房纸擦干表面，均匀涂抹盐、黑胡椒和橄榄油。
2 将小土豆洗净，表面刷一层橄榄油。
3 烤箱180℃预热，战斧牛排柄包裹锡纸，与小土豆一同放入烤盘，烤制15分钟，用温度探针检查熟度后取出。

煎制牛排

4 小火加热铸铁锅，锅热后加入黄油、蒜和百里香，黄油化开后放入牛排。
5 不断用勺将化开的黄油淋在牛排上，直至牛排两面略带焦糖色，取出后在室温下静置5～10分钟。
6 煎锅不用刷，中火煎小土豆表面，撒黑胡椒和盐，煎至土豆表面金黄焦香即可。

TIPS

1. 擦干牛排表面可以让调味品更好地附着在牛排上。
2. 战斧牛排采用法式修剪骨头的方式，保留了12～20厘米的肋骨手柄，肋骨切割厚度在4～5厘米，属于厚切带骨牛排。如果直接煎会留有死角，也容易导致外层熟过头，而中心依旧不熟的情况。
3. 黄油的烟点较低，大火很容易烧焦，适合小火或者关火后放入，给牛排增色增香。

川味三椒牛仔骨

材料

牛仔骨　300克
鲜花椒　10克
洋葱圈　20克
菜籽油　1茶匙
辣鲜露　1茶匙
干红辣椒　20克
泡椒　10个
蒜末　10克
蚝油　1茶匙
白砂糖　1/4茶匙

韩式果蔬酱

胡萝卜　30克
洋葱　15克
姜　3克
砂糖　1茶匙
淀粉　1茶匙
苹果　30克
蒜　10克
酱油　2汤匙
米酒　1茶匙

做法

制作韩式果蔬酱、腌肉

1 将韩式果蔬酱的所有材料放入料理机打碎，盛入容器中。

2 将完全解冻的牛仔骨用厨房纸擦干表面，沿肋骨间隙分切成3段，放入果蔬酱的容器中，充分搅拌，腌制2小时。

炒制牛仔骨

3 加热煎锅，倒入菜籽油，油热后放入腌制好的牛仔骨，煎至两面金黄，盛出。

4 炒锅中放油加热，大火倒入干辣椒、泡椒、鲜花椒、洋葱圈、蒜末，炒至洋葱半透明。

5 加入牛仔骨翻炒，加入蚝油、辣鲜露、白砂糖，快速拌炒均匀。

TIPS

1. 购买牛仔骨时注意与肩胛小排区分。牛仔骨的肋骨切面宽且扁平，一般一片牛仔骨带3片肋骨；肩胛小排的肋骨切面小且圆，一般一片肩胛小排带四五块肋骨。
2. 腌制肉排在煎时要注意火候，不然表面的腌料很容易焦化。
3. 事先煎一下再炒可以形成美拉德反应，增加肉的风味。

蒜香黄油黑椒牛小排

材料

黄酒　1汤匙
姜片　10克
牛小排　300克
蒜碎　10克
粗黑胡椒粒　5克
香葱段　30克
食用油　1000毫升
洋葱碎　10克
黄油丁　15克
花雕酒　1/2汤匙
蚝油　1茶匙
白砂糖　1/2茶匙
香酥黄金蒜片　适量
酱油　1茶匙
抹茶粉　适量

做法

前处理

1 蒸锅中加水，将黄酒、香葱段、姜片倒入水中，牛小排切块后小火隔水蒸2小时。

2 将牛小排放凉，用厨房纸擦干表面。炸锅中放油，大火加热，油温六成热时下入牛小排，炸30秒后捞出，加热油温至八成热，牛小排重新下锅复炸15秒。

煎炒牛小排

3 炒锅小火加热，倒入黄油丁、洋葱碎、蒜碎和粗黑胡椒粒炒香，黄油刚刚化开时放入花雕酒、蚝油、酱油、白砂糖和牛小排，翻炒收汁。

4 撒香酥黄金蒜片和抹茶粉装饰。

红酒蜂蜜牛肋排

材料

牛肋排　750克
蜂蜜　2汤匙
蚝油　1汤匙
生抽　1汤匙
香茅草　1茶匙
胡椒粉　1茶匙

红葡萄酒酱汁

红葡萄酒　200毫升
牛肉汤　100毫升
盐　1/2茶匙
黄油　10克
粗黑胡椒粒　1汤匙

配菜

青豆　适量

做法

制作红葡萄酒酱汁

1 锅中倒入红葡萄酒煮沸，加入牛肉汤，小火煮至汤汁剩余三分之一时放入盐、黄油、粗黑胡椒粒搅拌均匀，盛出。

制作牛肋排

2 将蜂蜜均匀涂抹在牛肋排上，然后放入蚝油、生抽、香茅草、胡椒粉，与肋排充分接触。

3 放入密封袋，冷藏12小时。

4 蒸烤箱180℃预热，放入牛肋排，蒸烤1.5小时。

制作配菜

5 青豆用盐水煮熟后捞出。牛肋排改刀盛盘，淋上红葡萄酒酱汁，搭配配菜即可。

奶油黑胡椒酱菲力牛排

材料

菲力牛排　250克
菜籽油　1/2汤匙

奶油黑胡椒酱

洋葱碎　10克
蒜末　5克
牛肉汤　100毫升
淡奶油　100毫升
黄油　20克
粗黑胡椒碎　1茶匙
奶酪碎　10克
盐　1/2茶匙

配菜

芦笋　3根
蘑菇　适量

做法

煎牛排

1 菲力牛排完全解冻后用厨房纸擦干表面，侧边用棉线（可食用级别）捆绑固定。

2 加热煎锅，倒入菜籽油，油热后放入牛排，煎至两面变色后将侧面煎至焦糖色，再将两面煎至喜欢的熟度，盛出，醒肉。

制作酱汁

3 煎牛排的锅不用刷，保留牛肉留在锅中的香气，直接放菜籽油小火加热，油热后加入洋葱碎与蒜末炒香，倒入牛肉汤煮1分钟。

4 倒入淡奶油、黄油搅拌，微微冒泡时用勺底轻轻蘸取，可以薄薄挂勺即可关火。

5 加入奶酪碎、盐与粗黑胡椒碎，用余温化开即可。

制作配菜

6 小火温煎锅，倒入少许菜籽油，放入芦笋和蘑菇煎熟，与牛排、酱汁一起摆盘。

TIPS

1. 菲力牛排较瘦，嫩度高，肌肉松散，厚切菲力绑上棉线能保证烹饪时不变形，熟度更均匀。
2. 菲力牛排风味较弱，适合佐酱汁食用。
3. 醒肉过程中如果担心牛排变凉，可以把醒肉容器先在烤箱里加热一下。

番茄牛肉丸意面

材料

牛肉碎（15%～20%肥肉） 450g

鸡蛋 1个

面包屑 20克

芝士碎 10克

盐 1茶匙

胡椒粉 1茶匙

蒜粉 1茶匙

橄榄油 1汤匙

意大利面 200克

百里香 1棵

番茄酱

番茄碎 300克

橄榄油 1汤匙

洋葱碎 30克

蒜末 10克

培根碎 20克

粗黑胡椒粒 1/2茶匙

盐 1/2茶匙

做法

制作牛肉丸

1 在容器中依次放入鸡蛋、面包屑、芝士碎、盐、胡椒粉、蒜粉搅拌均匀，再加入牛肉碎混合，用手揉成直径2厘米的牛肉丸。

2 中火加热平底锅，锅热后放入橄榄油，均匀煎至肉丸表面变成焦糖色后盛出。

煮意大利面

3 另一锅中加水煮沸，放入适量盐，以伞状方式放入意大利面，煮8～10分钟。

炒番茄酱

4 煎肉丸的锅中直接放入橄榄油，中火加热后放入培根碎、洋葱碎、蒜末、粗黑胡椒粒和盐翻炒，洋葱接近半透明后放入番茄碎。

5 充分混合炖煮至表面开始冒泡，放入意大利面和肉丸，小火加热，搅拌均匀，用百里香装饰。

TIPS

加面包屑可以吸收牛肉碎的汁水，不会让汁水都残留在容器中，保证肉丸的湿润度。

和风胡麻酱牛排沙拉

材料

肉眼牛排（草饲） 250克
盐 1茶匙
菜籽油 1汤匙
黑胡椒 1茶匙

和风胡麻酱

白芝麻 40克
苹果醋 1汤匙
酱油 2汤匙
芝麻油 2汤匙
花生 20克
香油 1汤匙
味噌 1茶匙
茶油 2汤匙

配菜

生菜碎 100克
玉米粒 50克
橄榄油 1汤匙
小番茄（切半） 5颗
苦菊 50克

做法

制作和风胡麻酱

1 将所有材料搅拌均匀，放入料理机里打碎。

制作配菜

2 所有蔬菜洗净后放在冰水中冰镇一下，沥干水分，铺在盘子上，加橄榄油备用。

煎牛排

3 将完全解冻的肉眼牛排用厨房纸擦干表面，均匀撒上盐和黑胡椒。

4 大火热锅后放入菜籽油，油热后放入肉眼牛排煎至想要的熟度。

5 醒肉后切片，放在配菜上，淋上和风胡麻酱即可。

TIPS

做牛排沙拉不要选择等级太高、大理石花纹太丰富的牛排，否则牛排变冷后脂肪重新凝固，口感会变差。

芝麻酱牛舌佐清脆莴笋丝

材料

牛舌　350克
八角　3颗
香叶　5片
香葱　3段
姜　4片
桂皮　1枝
酱油　60毫升

秘制芝麻酱

芝麻酱　2汤匙
花生酱　1汤匙
白砂糖　1/2汤匙
辣椒油　1/2汤匙
醋　1/2汤匙
香油　1/3汤匙

配菜

莴笋　50克
粉皮　20克
葱油　1茶匙
盐　1/4茶匙
白砂糖　1/4茶匙

做法

制作芝麻酱

1 在容器中倒入制作秘制芝麻酱的所有材料拌匀，如果觉得干，可以加适量纯净水。

卤牛舌

2 牛舌解冻后去皮、洗净。

3 将牛舌、清水和所有卤料一同放入锅中，大火煮沸后加盖，小火焖煮2小时，关火后放至常温。

4 用保鲜膜将牛舌包裹紧实塑形，冷藏一晚后切片。

制作配菜

5 粉皮焯水后盛出，过冷水。

6 莴笋切丝，放入葱油、盐、白砂糖搅拌均匀，与牛舌一起摆盘，淋秘制芝麻酱。

TIPS

1. 牛舌中段质地相对柔软，味道温和，适口性更好。
2. 为了更好地塑形，摆盘更好看，可以用重物压住牛舌。

水晶锅巴和牛肉卷

材料

水晶锅巴　3片
食用油　适量

牛肉馅

和牛臀肉丁　150克
红辣椒圈　30克
青辣椒圈　30克
泡椒碎　2个的量
花椒油　1汤匙
洋葱圈　10克
蒜碎　5克
盐　1/2茶匙
蚝油　1茶匙
鸡粉　1茶匙
水淀粉　1汤匙

配菜

苦菊　适量
松子仁　15克
香芹碎　10克

做法

炸水晶锅巴

1 炸锅中倒入食用油，油温三成热时放入水晶锅巴，炸软后捞起，卷成卷。

2 油温升至八成热，放入卷好的水晶锅巴定型，炸至表面金黄，捞起备用。

制作牛肉馅

3 大火加热炒锅，倒入花椒油，依次放入红、青辣椒圈、泡椒碎、洋葱圈和蒜碎煸炒香。

4 倒入和牛臀肉丁，加入盐、蚝油、鸡粉均匀翻炒，最后用水淀粉勾薄芡。

5 出锅后拌入香芹碎和松子仁，将馅料放入水晶锅巴卷，用苦菊装饰。

TIPS

1. 和牛臀肉的脂肪和嫩度都非常适宜快炒。
2. 想把牛肉炒得嫩，可以先热锅，快炒牛肉，盛出后把其他菜炒至八成熟，倒回牛肉快速翻炒，这样牛肉不易干柴；或者先炒不易熟的蔬菜，再放入牛肉，这样既能保持蔬菜的清脆又可以让牛肉最大限度地保留水分。

虫草花清炖牛尾汤

材料

去皮牛尾　500克
枸杞子　5克
无花果干　5颗
香葱　3段
米酒　2汤匙
虫草花　20克
姜　5片

做法

前处理

1 去皮牛尾切段，清洗后冷水下锅，倒入米酒，小火加热至沸腾后关火，静置5分钟。

2 将牛尾捞出，冷水冲洗干净备用。

炖汤

3 锅中加水、牛尾及剩余材料，加盖后小火焖炖4小时，直至牛尾软嫩。出锅前可撇去汤面上的油脂。

TIPS

1. 如炖煮清汤，事先焯水可以去除杂质，使汤更清澈。
2. 焯水要小火慢慢加热，杂质可以完全释放。火大会使蛋白质凝结，虽然保留了内部的肉质，但杂质不能完全释放。

图书在版编目（CIP）数据

世界牛肉指南 / 张洁主编. —北京：中国轻工业出版社，2024.4

ISBN 978-7-5184-3986-7

Ⅰ. ①世… Ⅱ. ①张… Ⅲ. ①牛肉—烹饪—指南
Ⅳ. ①TS972.125.1-62

中国版本图书馆CIP数据核字（2022）第076748号

责任编辑：胡 佳　　责任终审：李建华
整体设计：锋尚设计　　责任校对：宋绿叶　　责任监印：张京华

出版发行：中国轻工业出版社（北京鲁谷东街 5 号，邮编：100040）
印　　刷：北京博海升彩色印刷有限公司
经　　销：各地新华书店
版　　次：2024年4月第1版第5次印刷
开　　本：787×1092　1/16　印张：12
字　　数：250千字
书　　号：ISBN 978-7-5184-3986-7　定价：78.00元
邮购电话：010-85119873
发行电话：010-85119832　010-85119912
网　　址：http://www.chlip.com.cn
Email：club@chlip.com.cn

240476S1C105ZBW